国家电网有限公司
防止调相机事故措施及释义

国家电网有限公司　发布

图书在版编目（CIP）数据

国家电网有限公司防止调相机事故措施及释义 / 国家电网有限公司发布. —北京：中国电力出版社，2021.9

ISBN 978-7-5198-5950-3

Ⅰ. ①国… Ⅱ. ①国… Ⅲ. ①同步补偿机-事故预防-安全措施-中国 Ⅳ. ①TM342

中国版本图书馆 CIP 数据核字（2021）第 179168 号

出版发行：中国电力出版社
地　　址：北京市东城区北京站西街 19 号（邮政编码 100005）
网　　址：http://www.cepp.sgcc.com.cn
责任编辑：吴　冰
责任校对：黄　蓓　于　维
装帧设计：张俊霞
责任印制：石　雷

印　　刷：北京博海升彩色印刷有限公司
版　　次：2021 年 9 月第一版
印　　次：2021 年 9 月北京第一次印刷
开　　本：850 毫米×1168 毫米　32 开本
印　　张：3.5
字　　数：69 千字
印　　数：0001—1000 册
定　　价：40.00 元

《国家电网有限公司防止调相机事故措施及释义》

编　委　会

前　言

目前，国家电网有限公司已投运新一代大型调相机工程17站39台，总容量1170万千乏，近期公司还将陆续建成投运4站8台调相机，预计“十四五”期间将达到80台。调相机作为电网重要无功支撑设备，对于提高电网运行稳定性、跨区输电能力和新能源消纳能力发挥着重要作用。调相机同时作为旋转设备，其辅助系统较多，运维控制复杂，对其安全可靠性提出了更高要求。

为贯彻落实国家安全生产工作要求，强化电网、设备、人身安全管理，提升调相机设备本质安全水平，在全面总结近年来调相机运维检修和工程建设经验的基础上，充分吸收发电行业典型经验，结合运检实际，国家电网有限公司设备部组织编制形成了《国家电网有限公司防止调相机事故措施及释义》。

本书对调相机规划设计、采购制造、基建安装、调试验收、运维检修的各环节都提出了明确要求，包括防止定子事故、防止内冷水系统事故、防止误操作事故等 13 个章节 269 条。

执行中如有意见和建议及时反馈至国家电网有限公司设备部。

编者

目　录

1 防止定子事故

1.1 规划设计阶段

1.1.1 调相机本体及轴承测温信号电缆应采用屏蔽电缆等抗干扰措施，防止感应电、电磁干扰等造成温度跳变、显示异常等情况。

1.1.2 盘车装置设计时应充分考虑散热，在调相机连续运行时温度不应超过 80℃，避免运维人员高温烫伤。

【释义】沂南、古泉、邵陵等站调相机在运行过程中，因鼓风效应影响，盘车装置有过热现象，盘车外壳温度高达 100℃以上，存在人员烫伤风险，后对盘车装置增加通风孔等措施，盘车外壳温度降至 80℃以下。

1.2 采购制造阶段

1.2.1 定子线棒槽内固定及绕组端部固定应牢靠，满足《大型汽轮发电机定子端部绕组模态试验分析和固有频率测量方法及评定》（JB/T 8990）要求，防止运行时发生松动磨损。

1.2.2　定子铁心应叠装紧实，满足《发电机定子铁心磁化试验导则》（GB/T 20835）要求，防止运行过程中发生铁心松动。

1.2.3　双水内冷调相机定子绕组绝缘引水管安装前应通过压力 3MPa、持续时间 5min 的水压试验考核，绝缘引水管安装后不得交叉接触，防止绝缘引水管间磨损造成漏水故障。

1.2.4　双水内冷调相机定子绕组绝缘引水管之间、引水管与端罩之间的绝缘距离，须能承受耐压试验时的峰值电压，防止绝缘引水管之间以及与端罩相互放电，烧损引水管引起漏水。

1.2.5　出厂验收应对端部线圈的夹缝、上下层线棒渐开线之间等位置作详细检查，防止锯条、螺钉、螺母、工具、绝缘件等杂物遗留在定子内部。

1.2.6　调相机转轴非接地端轴承（座）与底板和油管间应设置绝缘结构，便于在运行中测量该轴承（座）与底板间的绝缘电阻，防止产生轴电流损坏轴瓦。

1.2.7　调相机应设有漏水监测装置（见图 1-1）并能及时将漏入机内液体排出，防止定、转子绕组绝缘受潮。

1.2.8　采用主机润滑油进行润滑的盘车装置（见图 1-2），盘车退出运行时应完全关闭盘车润滑油供油，防止产生油烟及甩油现象。盘车润滑油供油和回油管道应设置坡度，满足《发电厂油气管道设计规程》（DL/T 5204）要求，防止发生倒灌、满管等现象。

图 1－1　调相机漏水监测装置

图 1－2　调相机盘车装置

1.3 基建安装阶段

1.3.1 定子部件运输时应按照防雨雪、防潮、防锈、防腐蚀、防震、防冲击等要求妥善包装。运输调相机水冷部件时，应排净并吹干内部存水并采取充氮等防冻、防氧化措施。

【释义】拉萨站 1 号调相机定子在运输过程中，未做好防潮措施，致使定子铁心大面积锈蚀。

《隐极同步发电机技术要求》（GB/T 7064）中 4.33.2 规定“运输电机水冷部件时，应排净和吹干内部水系统中的水并采取防冻措施”。

1.3.2 安装前定子储存应满足防尘、防冻（储存温度不应低于 5℃）、防潮和防机械损伤等要求，严防定子内部落入异物。

【释义】《隐极同步发电机技术要求》（GB/T 7064）中 4.33.3 规定“最低保管温度为 5℃，低于 5℃时应采取措施”。

1.3.3 定子内部及空冷室内在现场安装的电缆、槽盒、管路、在线监测探头等应固定牢固，防止在调相机运行时脱落进入定子内部引发故障。

【释义】2017 年 12 月，扎鲁特站 1 号调相机进行假同期试验时，运维人员透过可视窗发现非出线端外端盖与内端盖的风道之间存在异物（见图 1－3），紧急停机处理。检查发现异物为 1 号调相机本体下方空冷室内的槽盒盖板，分析原因为调相机运行过程中转子高速旋转，带动整套空气冷却系统进行内部的空气循环，产生强大气流，由于施工过程中槽盒盖板未固定牢靠，导致部分被掀起，随气流卷入上方并卡在本体端部。

图 1－3 扎鲁特站 1 号调相机取出异物

1.3.4 安装前应由业主、制造厂、施工方、监理共同进行清洁度检查，确认机内无异物，进、出法兰应妥善封盖。

1.3.5 对于调相机底座固定螺栓、垫片和螺母，安装前应进行硬度抽查（抽查比例不小于 20%），如发现有不合格，进行 100%检查；安装后应对螺栓端部点焊处进行 100%探伤检查并对螺栓端部进行防腐处理。

1.3.6　应确认定子绕组三相出线相序与封闭母线保持一致，防止调相机非同期并网。

1.3.7　定子到货验收后，应定期（一般不超过一周）检查定子绕组绝缘状况，防止定子绕组绝缘受潮。

【释义】定子在储存及安装期间，基建单位人员容易忽视对定子绕组绝缘状况的检查，不能及时掌握定子绕组绝缘状况，易导致定子绕组绝缘降低影响交接试验等后续调试工作。

1.4　调试验收阶段

1.4.1　安装结束后，调相机应按《电气装置安装工程　电气设备交接试验标准》（GB 50150）进行交接试验，标准中规定的特殊试验项目，应由具备资质的单位实施。

【释义】2018 年 5 月，泰州站 1 号调相机单体调试进行直流耐压试验时，发现 B、C 相间绝缘低。经检查，相间绝缘降低为固定定子端部挡块的绑带受潮导致，此处绑带经处理后，试验合格。

1.4.2 现场进行定子交、直流耐压试验时，定子本体所有测温元件、出线套管电流互感器二次绕组应可靠接地，防止感应电压对以上元件造成损坏。

1.4.3 调相机启动前，应确保中性点隔离开关分合正常，并用万用表电阻档测量已合闸的中性点隔离开关两端，导电回路电阻值不大于制造厂规定值的 1.5 倍，确认接触良好，防止中性点接地隔离开关合闸操作不到位引发定子接地三次谐波保护误动作。

【释义】调相机中性点接地隔离开关合闸操作不到位，可能会导致中性点接地不良，造成三次谐波零序电压异常，进而引起调相机定子接地三次谐波保护误动作。

1.5 运维检修阶段

1.5.1 调相机投运 1 年后及每次 A 修时均应检查定子绕组端部的紧固、磨损情况，并按照《隐极同步发电机定子绕组端部动态特性和振动测量方法及评定》（GB/T 20140）进行模态试验，试验不合格或存在松动、磨损情况应及时采取整体紧固等处理措施。

1.5.2 A 修时应对机内隐蔽部位、背部死角，特别是端部线圈的夹缝、上下层线棒渐开线之间、铁心通风孔等部位进行详细检查，防止异物遗留在定子内部。

1.5.3 A 修时应检查确认定子铁心无局部松齿、硅钢片短缺、外表面锈蚀等异常现象，如有应及时进行处理，防止铁心局部缺陷扩大为定子绕组绝缘事故。

【释义】定子铁心存在异常现象时，应结合实际情况进行定子铁心故障诊断试验，检查铁心片间绝缘有无短路以及铁心发热情况，分析缺陷原因并及时处理；否则，松动的硅钢片会对定子绕组绝缘造成损伤，引起定子绕组接地故障。

1.5.4 调相机绝缘过热、局部放电等在线监测装置发生报警时，运行人员应及时记录运行工况参数，不得盲目将报警信号复位。经检查确认非监测装置误报，应尽快查明报警原因并进行分析处理。

1.5.5 双水内冷调相机定子线棒层间温差或引水管同层出水温差达到 8K 报警时，应检查定子绕组水路流量与压力是否异常，如果过热是由于内冷水中断或水量减少引起，应立即恢复供水。当有下列情况之一时，应立即降低负荷，在排除测温元件故障后，为避免发生重大事故，应立即停机，进行反冲洗等处理工作：

（1）定子线棒层间温差达 14K；

（2）引水管同层出水温差达 12K；

（3）任一定子线棒层间温度超过 90℃；

（4）任一引水管出水温度超过85℃。

【释义】2021年3月，沂南站2号调相机30号线棒出水温度显示达53.6℃，其余显示在40℃左右，同层出水温差达13.2K左右，经采取对比线棒层间温度、检查测温元件接线等措施后，确认30号线棒出水测温元件损坏，温度高为虚假信号，待停机检修时更换此测温元件。

2 防止转子事故

2.1 采购制造阶段

2.1.1 转子与其支撑系统设计应开展共振仿真校核，机组在升降速过程和额定转速运行时，瓦振最大值不超过 6.5mm/s。

【释义】东方电机最初生产制造的多台调相机在调试拖动过程中，出现励端 X 向瓦振过高导致保护动作跳机的情况。分析原因为：在三阶副临界转速区域（2740～2790r/min），转子形成 2 倍于三阶副临界转速频率的激振力，该激振力的频率与励端轴承支撑系统 X 向固有频率接近，产生共振，导致励端轴承 X 向瓦振超标。

2.1.2 应对转子制造过程严格把关，防止因制造工艺问题导致转子绕组局部过热或匝间短路。

【释义】2017 年 6 月，扎鲁特站 1 号调相机转子线圈压型完

成准备套护环前检查发现有两块绝缘垫块松动。

2017 年 10～11 月，沂南站 3 号、淮安站 1 号调相机在制造过程中检查发现转子平衡螺孔内有毛刺，毛刺脱落进入转子内部易造成转子匝间短路故障。

2.1.3 水冷转子制造完毕应进行流量试验检查，各极同号线圈流量偏差应小于或等于 20%，防止制造过程中有异物堵塞转子线圈。

2.1.4 水冷转子绕组复合引水管应采用有钢丝编织护套的复合绝缘引水管（见图 2–1），防止绝缘引水管在高速旋转过程中受力损坏，造成转子漏水故障。

图 2–1 有钢丝编织护套的复合绝缘引水管

2.1.5 碳刷磨耗在线监测装置、转子大轴接地装置等安装在励磁回路上的设备应采取装设绝缘护套、绝缘螺栓等可靠的绝缘措施，防止绝缘破损引起转子接地保护动作。

【释义】2021 年 2 月 14 日，淮安站 1 号调相机运行过程中转子接地保护动作跳机，经检查分析，判断 1 号调相机集电环碳刷磨损量监测 4 号模块的信号电缆皮破损，在机组运行过程中，由于振动使信号电缆屏蔽层与刷握接触，转子回路通过信号电缆屏蔽线接地，注入式转子接地保护动作跳机。

2020 年 12 月 30 日，天山站 2 号调相机运行中转子大轴接地碳刷金属刷辫与励磁负极刷架上的螺栓碰触，造成转子接地保护动作跳机。

2.2 基建安装阶段

2.2.1 调相机转子在运输、存放过程中应满足防尘、防冻（储存温度不应低于 5℃）、防潮和防机械损伤等要求，严格防止转子内部落入异物。

【释义】《隐极同步发电机技术要求》（GB/T 7064）的 4.33.3 保管中规定“最低保管温度为 5℃，低于 5℃时应采取措施”。

2.2.2 转子到货验收后、安装前，应采取定期（一般不超过两周）翻转 180° 等措施防止转子大轴弯曲。

2.2.3 空冷调相机应按照《隐极同步发电机转子气体内冷通风道检验方法及限值》（JB/T 6229）进行转子通风试验，保证通风孔通风性能良好，防止通风不畅造成转子运行过程中绝缘过热损坏。

2.2.4 转子到货验收后，应定期（一般不超过一周）检查转子绕组绝缘状况，防止转子绕组绝缘受潮。

2.2.5 集电环小室内附属部件、固定螺栓应安装牢固，电缆应靠近小室边缘布置，防止部件脱落掉入集电环与碳刷之间，引起集电环、碳刷故障。

2.2.6 集电环小室底部与基础台板间不应留有间隙，防止异物进入造成转子接地故障。

【释义】2018 年 5 月 25 日，韶山站 1 号调相机转子盘根处漏水，因集电环室底部与基础台板底部有间隙，导致漏出的水沿集电环室底部进入集电环小室，引起励磁回路接地跳机。

2.2.7 本体测速探头安装结构应稳定可靠，不会因振动而导致测速探头位移进而影响测速的准确度，同时信号电缆应避免弯折。

【释义】韶山站 1 号、2 号调相机在运行过程中均出现一路或两路转速信号同时消失的情况。停机检查发现 5 个转速传感器

和一个键相传感器的安装间隙均发生了位移，整体向齿盘方向移动了约 0.5mm 左右。造成传感器位移的原因为测速探头支架安装不到位，运行过程中发生下沉。

2.3 调试验收阶段

2.3.1 转子大轴应经碳刷或铜辫等接地装置接地，接地装置的接地线应单独接地，防止对转子接地保护、轴振探头造成干扰。

2.3.2 安装结束后，调相机转子应按《电气装置安装工程 电气设备交接试验标准》（GB 50150）中规定的试验项目进行交接试验，标准中规定的特殊试验项目，应由具备资质的单位实施。

2.4 运维检修阶段

2.4.1 碳刷应使用同一厂家、同一型号的产品。新碳刷使用前，应研磨使其接触面弧度与集电环表面一致，防止碳刷接触不良引起打火、过热等故障。

2.4.2 A 修时应检查转子平衡块、绝缘块和固定螺钉的紧固情况。固定平衡块的螺钉应使用内六角或开槽锥形螺钉，不应露在平衡块外面，防止平衡块及螺钉脱落。

2.4.3 A 修期间应检查刷架与励磁母排的软连接，防止软连接破损造成转子接地故障。

【释义】励磁母排与刷架的连接采用铜皮软连接的，铜皮经长时间运行存在开裂的隐患，铜皮开裂触碰励磁母线箱壁，可引起转子接地故障。

2.4.4　经确认存在较严重转子绕组匝间短路的调相机应尽快处理，防止转子、轴瓦等部件磁化。若轴瓦、轴颈位置磁场强度大于 10×10^{-4}T，转子本体、轴承等其他部件大于 50×10^{-4}T 时应进行退磁处理。退磁后，轴瓦、轴颈部位剩磁不大于 2×10^{-4}T，其他部件不大于 10×10^{-4}T。

【释义】转子匝间短路故障是转子频发性故障之一，测试、诊断转子匝间短路故障的方法很多，如 RSO 试验法、两极电压平衡法、转子匝间短路在线监测法等，在诊断有、无匝间短路故障中起到了良好的作用。但对故障严重程度的定量分析和作为是否需要进行 A 修的判据，一般有以下几点：① 因其引起的振动超过规定值；② 在同一运行工况下转子电流超过正常值的 5%～10%；③ 振动伴随无功变化明显。

2.4.5　A 修或停机备用时应对集电环采取涂抹硅脂等防锈措施，防止集电环表面锈蚀造成碳刷与集电环接触不良。

3 防止励磁系统事故

3.1 规划设计阶段

3.1.1 新建工程的整流柜进风口、出风口应有温度监测装置，并将温度信号送至 DCS，便于运维人员及时发现整流柜温度异常。

3.1.2 主励磁系统主从励磁调节器的电压采样回路应使用机端不同电压互感器的二次绕组，并相互独立；禁止使用同一电压互感器绕组，防止单一电压互感器绕组故障引起调相机组误强励。

3.1.3 新建工程励磁调节柜至整流柜之间的脉冲信号应采用光传输等抗干扰能力强的传输方式，防止脉冲信号受到干扰引起整流柜故障。光纤走线路径为外部桥架时，应采用带防护的尾缆，提高防护性能，安装固定时走专用防护通道。

【释义】2020 年 5 月 6 日，邵陵站 2 号调相机励磁系统整流柜短路故障，检查发现柜间脉冲信号采用电脉冲传输，传输电缆长度约 26m 且盘绕多圈，现场测量发现六相脉冲之间存在干

扰；厂内复现证实在脉冲线较长时，脉冲回路之间存在干扰，晶闸管接收到异常门极脉冲且脉冲电流峰值可达 100mA，造成门极损耗增加，进而导致晶闸管失去截止能力。

3.1.4 灭磁开关应配置两路独立跳闸回路，不同跳闸线圈的操作电源应各自独立，防止一路故障时灭磁开关无法跳开。

3.1.5 整流柜并联支路数不应小于 3，设计容量应确保当有 1 条支路故障时，满足调相机强励和 1.1 倍额定励磁电流长期运行的要求。

3.1.6 整流柜冷却风机应冗余配置，单台风机的容量应按照冷却负荷的 100%设计。

3.1.7 整流柜冷却系统应采用双电源供电，避免单电源故障时，整流柜冷却系统停止工作。

【释义】冷却系统双电源供电可采用风机与电源一一对应方式，或者两路电源采用主备方式同时给两路风机供电。

3.1.8 整流柜冷却系统电源应取自站用电不同母线段，不应取自励磁变低压侧。

【释义】2019 年 2 月 6 日，泰州站 2 号调相机 3 台整流柜因过热均退出运行，励磁系统发出励磁故障跳闸指令引发跳机。

检查发现整流柜风机主电源取自励磁变低压侧，备用电源取自站用电，进相运行过程中发生机端电压、励磁变低压侧电压降低，进而导致风机电源电压降至临界值附近波动，使得风机主备电源切换装置频繁动作，接触器卡死在中间位置无法吸合最终引发跳机。

3.1.9　不同整流柜的风机电源切换装置应相互独立，避免切换装置故障时，影响所有整流柜风机正常工作。

【释义】 2019年2月6日，泰州站2号调相机3台整流柜因过热均退出运行，励磁系统发出励磁故障跳闸指令引发跳机。检查发现三台整流柜共用一个电源切换装置，当风机主备电源切换装置损坏后，导致所有整流柜的风机电源均丢失、整流柜过热。

3.1.10　风机或风机电源切换过程中，切换延时应满足晶闸管冷却对通风容量的要求，柜内温升不应引起超温告警。

3.1.11　整流柜设计应统筹考虑柜门、侧板、顶板的耐爆耐压强度，泄压通道朝向应避开巡检通道，耐爆耐压强度和泄压能力应相互配合，确保柜内任何部件发生故障均不应导致整流柜爆炸。

【释义】2020年5月6日，邵陵站2号调相机励磁系统交流母排发生三相短路，故障过程中整流柜门被冲开。检查发现整流柜双开门仅有单侧门锁，未采取防爆措施，没有设计泄压通道，未采取防爆泄压措施，在发生三相铜排短路后，柜内压力迅速增大，破坏门锁，导致柜门被冲开。

3.1.12　整流柜应采用三相独立的单相脉冲盒（见图3-1），防止相间放电。

【释义】2020年5月6日，邵陵站2号调相机励磁系统发生交流侧三相短路故障，多个晶闸管及脉冲盒损坏。检查发现A、B、C相三只晶闸管共用一块脉冲盒（见图3-2），脉冲盒上-A晶闸管门极端子与-B晶闸管阴极端子之间存在放电痕迹。

图3-1　单相脉冲盒

图3-2　三相脉冲盒

3.1.13　主励磁系统单套励磁调节器严重故障时，励磁系统应发送故障信号至 DCS；两套励磁调节器均严重故障时，励磁系统应发送严重故障信号至 DCS，同时开出到调相机保护系统动作于跳闸。

【释义】扎鲁特站调相机励磁系统严重故障信号只送至 DCS 作为报警显示用，未设计励磁系统至调相机保护系统的严重故障信号硬接线。在发生励磁系统严重故障时，只能在运行人员注意到报警信息后紧急停机，可能导致故障扩大。

3.2　采购制造阶段

3.2.1　固定散热器的螺栓应加装绝缘帽，防止其对周围部件放电。

【释义】2020 年 5 月 6 日，邵陵站 2 号调相机励磁系统发生交流侧三相短路故障，在柜内形成电弧。检查发现固定散热器的螺栓与主回路相连带电，且与快熔距离较近，快熔破裂释放出导电物质后降低了柜内绝缘，使得快熔端部对螺栓放电，形成电弧，造成故障扩大。

3.2.2　励磁系统柜内交直流铜排应安装绝缘护套（见图 3－3），

并在绝缘薄弱处（如刀闸位置）加装绝缘隔板（见图 3－4），防止铜排之间或铜排与柜体之间发生短路故障。

图 3－3 绝缘护套示意图

图 3－4 绝缘隔板示意图

【释义】 2020 年 5 月 6 日，邵陵站 2 号调相机励磁系统交流侧发生三相短路，交流铜排被烧断。排查整流柜内一次回路间距，发现一次回路对地最小距离位于交流铜排支撑处，约 25mm，是柜内薄弱环节，且没有安装绝缘护套。电弧形成之后，扩散到交流铜排，经由铜排支撑底部的角铁形成相间短路，最终引发铜排三相短路，使得故障扩大。

2020 年 12 月 18 日，祁连站 1 号调相机整流柜刀闸附近发生三相短路，－A、－B、－C 三相快熔的外侧铜板，以及直流出线铜排有放电痕迹。经分析，整流柜脉冲触发线放电引起柜内绝缘强度降低，由于柜内刀闸位置处绝缘薄弱无绝缘补强措施，引起－A、－B 相于此处铜排之间放电，最终发展为三相短路，造成故障扩大。

3.2.3 对于采用电传输脉冲信号的励磁系统，脉冲控制电缆的脉冲电源线与脉冲信号线应成对走线，防止脉冲之间相互干扰。

【释义】2020年5月6日，邵陵站2号调相机励磁系统整流柜故障。检查发现励磁系统采用电信号传输脉冲，脉冲电缆长约26m，且脉冲电源线和脉冲信号线未成对走线。根据厂内试验结果，将脉冲电源与脉冲信号成对走线后，每根电缆内电流产生的影响可互相抵消，从而减少各相脉冲之间的相互干扰。根据厂内试验及现场实测数据，脉冲控制电缆成对走线后（见图3-5），可降低90%脉冲干扰幅值。

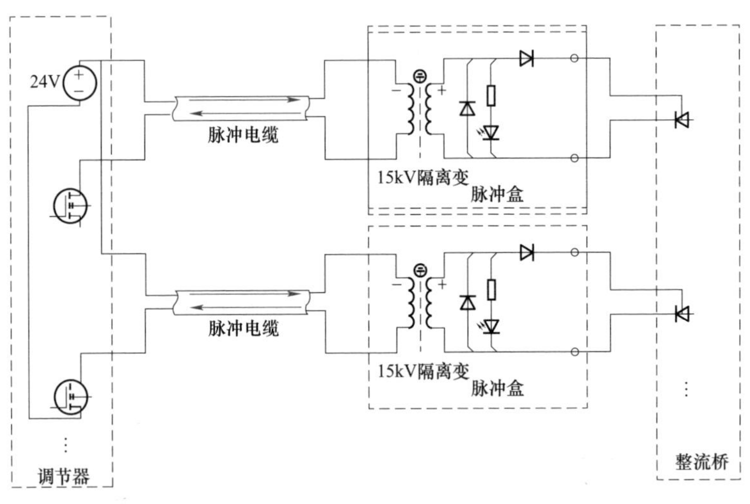

图3-5 脉冲电源线和脉冲信号线成对走线

3.2.4 整流柜脉冲盒输出到晶闸管的脉冲触发线应分开走线，加装绝缘护套（如黄蜡套管），提高脉冲触发线间绝缘强度，防止绝缘击穿引起励磁系统故障。

【释义】2020 年 8 月 5 日，邵陵站 2 号调相机励磁系统运行中报整流柜故障。检查发现脉冲触发线没有分开走线，且剥除了过多的黄蜡套管，-A、-B 相脉冲触发线的破损处接近，引发脉冲线间放电，击穿晶闸管。黄蜡套管包覆不足及完全包覆分别如图 3-6、图 3-7 所示。

2020 年 12 月 18 日，祁连站 1 号调相机整流柜发生三相短路。检查发现整流柜直流铜排下方走线槽内的-A、-B、-C 相脉冲触发线未加装绝缘护套，在配线过程中因弯折或摩擦绝缘受损，互相放电，降低了周围空气的绝缘强度，引发电弧，最终形成三相短路故障。

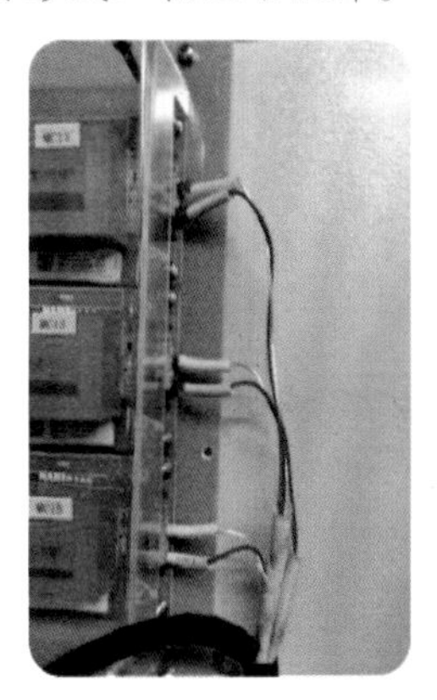

图 3-6 黄蜡套管包覆不足

图 3-7 完全包覆黄蜡套管

3.2.5 安装过程中应检查晶闸管脉冲触发线，若发现线芯破损、外部绝缘防护破损或包覆不全，应立即更换，防止脉冲触发线放电引起故障。

【释义】整流柜生产配线过程中，在剥除黄蜡套管时若操作不当，有可能损伤内部的脉冲触发线，降低绝缘水平。

2020年8月5日，邵陵站2号调相机整流柜–A、–B相脉冲触发线因破损处接近（见图3–8），引发放电，将一次回路的电压引入晶闸管门极，造成–A、–B、–C相晶闸管损坏、快熔熔断。

2020年7月21日，锡盟站2号调相机年度检修后，因红外测温探头绝缘不满足要求，造成转子负极接地，与之前破损的–A晶闸管K极触发线形成回路，造成–A相晶闸管损坏、–A相快熔熔断。

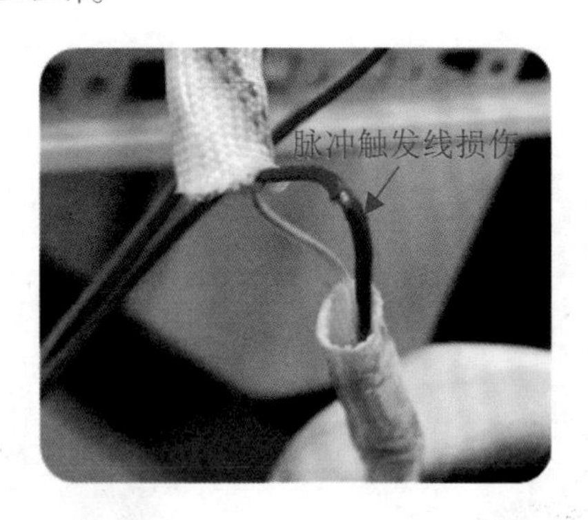

图3–8 脉冲触发线示意图

3.2.6 同步变压器铁心及支架与柜体之间应装绝缘隔板，防止同步变压器绕组故障时通过柜体接地，引起转子接地保护动作。

【释义】同步变压器为励磁系统提供同步信号以控制晶闸管触发角度，一次侧接至励磁变压器低压侧交流铜排，二次侧（电压约100V）接至控制器。2018年9月24日，泰州站2号调相机励磁系统T11同步变压器C相烧毁，导致C相线圈通过柜体接地，引起C相励磁变压器低压侧接地，当整流柜C相晶闸管导通时，致使转子接地故障，引发转子一点接地保护动作。

3.2.7 晶闸管选型应充分考虑在各种运行工况下的电压、电流的耐受能力且有足够裕度，避免长期运行过程中因器件过应力致使晶闸管故障。

3.2.8 整流柜所选用的同一批次晶闸管应抽样进行高温阻断、通态浪涌等筛选试验，防止缺陷晶闸管投入运行。

【释义】2020年5月6日，邵陵站2号调相机励磁系统发生交流侧三相短路故障，多个晶闸管损坏。在对同批次晶闸管复测后，发现有一只晶闸管的门极、导通压降参数测试异常。

筛选试验项目可参照《半导体器件 第6部分：晶闸管》（GB/T 15291）8.1节表2，应包括反向断态电流等例行试验项目及高温交流阻断试验、通态浪涌电流试验、通态电流临界上升率试验、断态电压临界上升率试验、其他静态断态、反向特性试验、其他的静态通态特性试验。

3.2.9　快速熔断器的选型满足其热容量参数I^2t值不超过晶闸管的I^2t值的70%，从而确保可靠保护晶闸管；所选用的同一批次快熔应进行抽样试验，确保I^2t实际值满足上述要求。

【释义】2020年5月6日，邵陵站2号调相机励磁系统发生交流侧三相短路故障，快速熔断器熔断、破裂，晶闸管烧损。在对同批次快熔进行检测，发现I^2t约10.6$MA^2 \cdot s$，超过设计值（7.29$MA^2 \cdot s$）约45%，大于5STP 26N6500晶闸管（10.125$MA^2 \cdot s$）的I^2t，使得快速熔断器动作滞后，无法有效保护晶闸管。

抽样试验项目可参照《低压熔断器　第4部分：半导体设备保护用熔断体的补充要求》（GB/T 13539.4），试验数据应至少包含分断能力、弧前I^2t值、熔断I^2t值、电弧电压和试验后绝缘电阻等。

3.3　调试验收阶段

3.3.1　励磁系统的V/Hz限制特性应与调相机或升压变过激磁能力低者相匹配，并在过激磁保护动作前进行限制，防止调相机或升压变过激磁造成跳机。

3.3.2 励磁系统的低励限制特性应与调相机失磁保护相匹配，并在失磁保护动作前进行限制，防止调相机深度进相运行造成失磁保护误动作。

3.3.3 励磁系统的过励限制特性应与调相机转子过负荷保护相匹配，并在转子过负荷保护动作前进行限制，防止转子过负荷造成跳机。

3.3.4 励磁变压器过流保护定值整定应躲过机组强励时峰值励磁电流，防止机组强励时励磁变压器保护误动作。

3.4 运维检修阶段

3.4.1 调相机组 A 修期间应对交直流励磁铜排和支撑绝缘子进行清擦，防止脏污或受潮引起励磁回路绝缘降低致使转子接地保护动作。

3.4.2 调相机组检修期间应检查脉冲触发线绝缘防护材料，若出现开裂、包覆不全等缺陷，应及时进行更换，防止脉冲触发线绝缘防护不足造成绝缘击穿引起励磁系统故障。

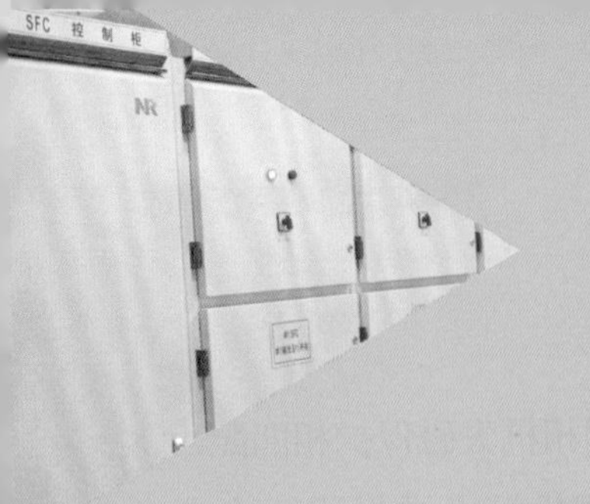

4 防止静止变频器（SFC）系统事故

4.1 规划设计阶段

4.1.1 SFC 注入至定子绕组的电流最大值应小于定子电流额定值，SFC 设定的启动励磁电流最大给定值应小于转子绕组电流额定值，防止定子、转子绕组过热损坏。

4.1.2 SFC 应满足调相机组频繁启动的要求，连续满载运行不小于 60min，间隔 60min 后可再次启动，防止调相机组连续拖动造成 SFC 过热故障。

4.1.3 SFC 控制柜应具备修改调相机组目标转速值的功能，防止首次启动或 A 修后无法开展不同转速下的机组试验。

【释义】机组首次启动或 A 修后应缓慢升速，在不同转速下检查轴承油流、机组振动等情况。进口 SFC 不能更改目标转速值，直接将机组拖动到设定转速（通常 1.05 倍额定转速），无法开展不同转速下的机组试验。

4.1.4 SFC 控制柜面板应设紧急停止按钮（见图 4-1），且有防护罩等防误碰措施。

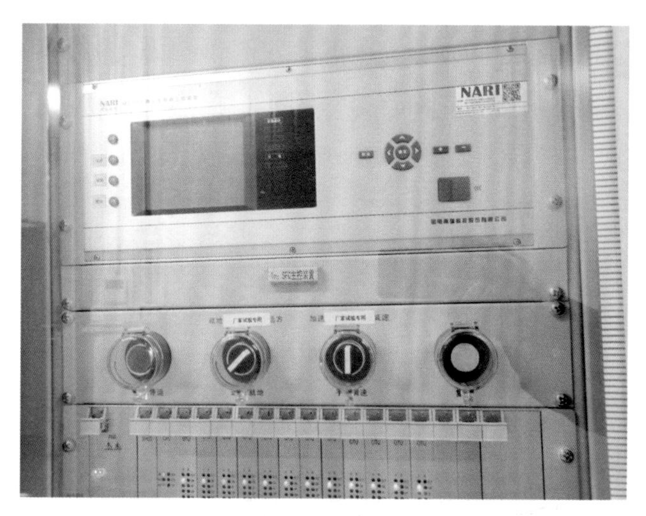

图 4-1 SFC 控制柜面板应设紧急停机按钮

4.1.5 SFC 冷却风机应配置来自不同段站用电的两路独立供电电源，防止单路电源故障时 SFC 风机停止运行。

【释义】为提高启机成功率，调相机站 SFC 均采用双套备用，其整流桥、逆变柜、电抗器柜冷却风机按 100%容量要求配置，但为防止风机供电电源异常造成 SFC 不可用，SFC 冷却风机应配置两路独立供电电源。

4.1.6 调相机并网开关与机端隔离开关之间应有电气闭锁回路，防止 SFC 过电压损坏。

【释义】机端隔离开关（见图4－2）用于连接SFC与封闭母线；为避免调相机在SFC拖动时误并网或在并网运行时SFC误送电，调相机并网开关与机端隔离开关之间应设置电气闭锁回路，避免SFC过电压损坏。

图4－2　机端高压隔离开关

4.1.7　SFC各输出切换开关之间互锁逻辑应完善，确保选定的SFC与待启动调相机组唯一对应。

【释义】配置2～3台调相机的站，同一SFC不同输出切换开关11、12之间，21、22之间应有可靠的电气闭锁；同一机组

不同 SFC 输出切换开关 11、21 之间，12、22 之间应有可靠的电气闭锁（见图 4－3）。

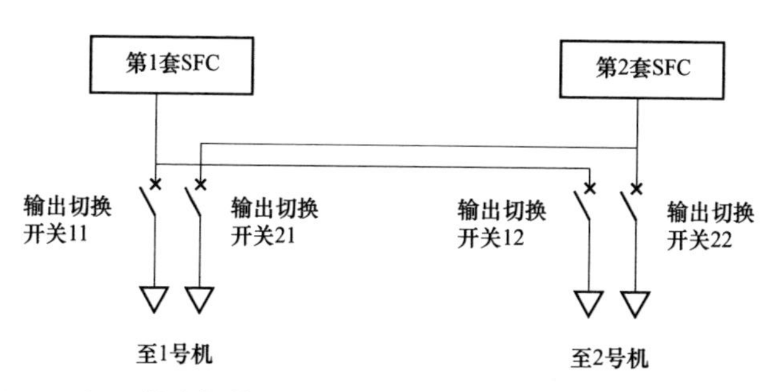

图 4－3　SFC 输出切换开关接线示意图（配置 2～3 台调相机的站）

配置 4 台调相机的站，母联开关（30）断开或无母联开关时，同母线的切换开关 01、02 之间，03、04 之间应有可靠的电气闭锁；母联开关闭合时，所有的切换开关 01、02、03、04 之间，输出开关 10、20 之间应有可靠的电气闭锁（见图 4－4）。

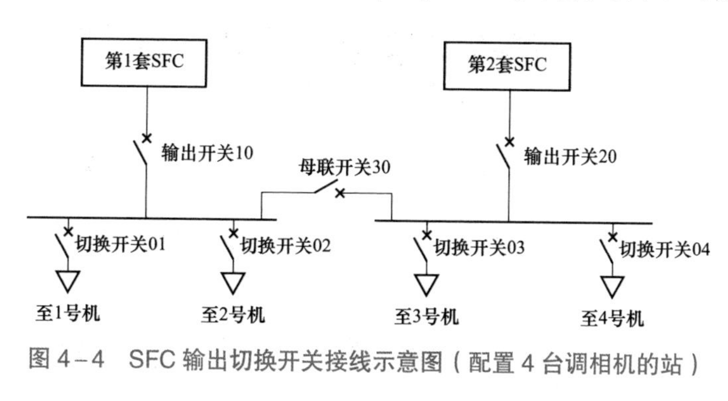

图 4－4　SFC 输出切换开关接线示意图（配置 4 台调相机的站）

4.1.8　新建工程 SFC 系统（不含隔离变压器和机端隔离开

关）应装设在室内，室内温、湿度应满足《电气控制设备》（GB/T 3797）要求，防止 SFC 过热无法正常工作。

【释义】扎鲁特站 SFC 设备没有单独的小室及任何冷却设备，直接暴露在厂房内；扎鲁特站调相机为空冷机组，调相机本体散热量较大，厂房温度过高（达 45℃以上），不满足 SFC 运行环境要求，导致拖动调相机失败。

4.1.9 新建工程的 SFC 输出切换开关（见图 4－5）应有检修位置，停运时与运行设备有明显断开点，防止调相机组误拖动。

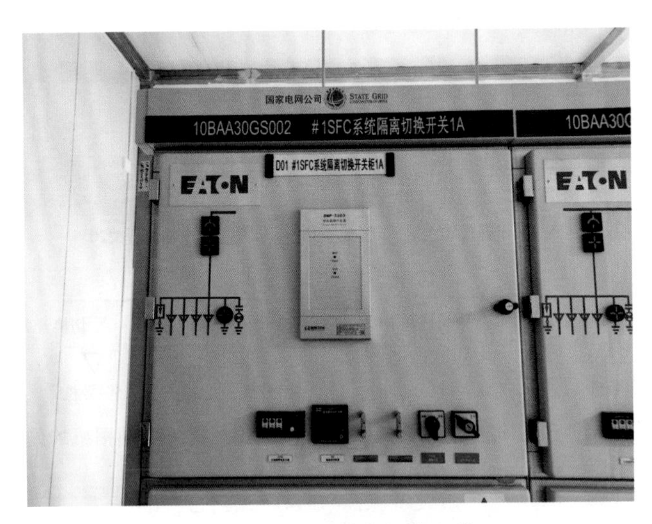

图 4－5 SFC 输出切换开关

【释义】在某 SFC 启动某机组时，除该 SFC 至该机组主回路连通外，其余的输出切换开关应有明显断开点（如置于试验位），确保不会误拖动。

4.1.10 输入断路器应设置检修接地刀闸（见图 4－6），防止检修时误送电至 SFC；且应满足电气五防要求，防止误操作。

图 4－6 输入断路器应设置检修接地刀闸

【释义】输入断路器接自 10kV 站用电母线，连至隔离变压器的高压侧；泰州站 2 号 SFC 输入断路器未设计接地开关，在 SFC 检修时存在来电风险，需要挂接地线，不便于操作。

4.1.11　SFC 晶闸管触发脉冲光纤应预留备用芯，防止光纤损坏时不能及时更换，造成 SFC 无法启动。

【释义】古泉站 SFC 系统触发脉冲光纤没有备用芯，当光纤故障后，无法及时更换。

4.2　采购制造阶段

SFC 应设计两路风压检测回路，用于检测网桥柜、机桥柜、电抗器柜的风扇工作状态；两路风压检测回路不应共用风压开关，避免风压检测回路假冗余。

【释义】金华站 1 号 SFC 网桥柜、机桥柜各有 2 个风压开关，电抗器柜只有 1 个风压开关（见图 4-7），两路风压检测回路共用电抗器柜的风压开关，若机桥柜 2 个风压开关、电抗器柜风压开关闭合且网桥柜的 1 个风压开关断开时，两路风压检测

回路均显示风压正常，无法及时发现风压异常。

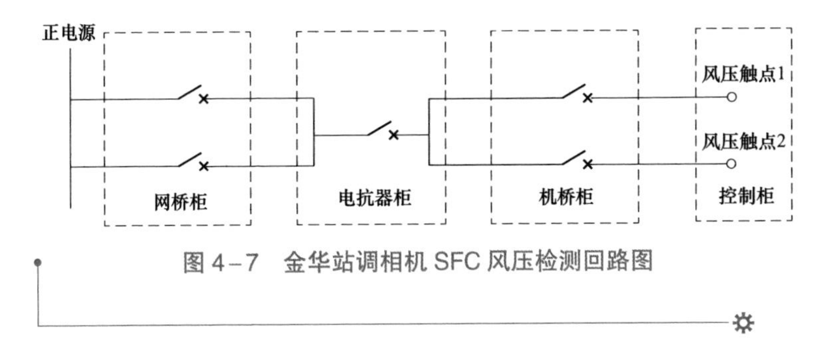

图 4-7　金华站调相机 SFC 风压检测回路图

4.3　调试验收阶段

拖动试验前应进行定子通流试验，防止整流桥及逆变桥工作异常。

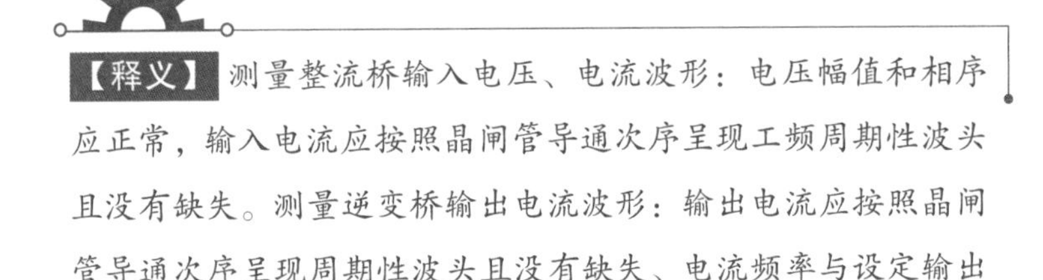

【释义】测量整流桥输入电压、电流波形：电压幅值和相序应正常，输入电流应按照晶闸管导通次序呈现工频周期性波头且没有缺失。测量逆变桥输出电流波形：输出电流应按照晶闸管导通次序呈现周期性波头且没有缺失、电流频率与设定输出频率一致。

5 防止封闭母线及中性点接地系统事故

5.1 规划设计阶段

5.1.1 封闭母线支撑绝缘子应采用 DMC（BMC）材质合成绝缘子。

【释义】DMC（BMC）材料是 Dough（Bulk） molding compounds 的缩写，即不饱和聚酯团状模塑料，实际上 DMC 和 BMC 的主要组分是一致的，只是行业不同、地区不同而叫法不一。该材料具有优良的电气性能、机械性能、耐热性、耐化学腐蚀性，又适应各种成型工艺，由其合成的支撑绝缘子相较其他材质绝缘子具有不吸潮、不凝露、不破裂、绝缘强度高的特性，其性能指标满足《不饱和聚酯玻璃纤维增强模塑料》（JB/T 7770）要求（见表 5－1）。

表 5－1　　DMC 主要技术指标

序号	指标	单位	电气型
1	密度	g/cm^3	1.75～1.95
2	吸水性	mg	≤20

续表

序号	指标	单位	电气型
3	模塑收缩率	%	<0.15
4	热变形温度	℃	>240
5	冲击强度 （简支梁，无缺口）	kJ/m^2	>30
6	弯曲强度	MPa	≥90
7	工频介电强度 （90℃变压器油中）	MV/m	≥12
8	耐电弧性	S	≥180
9	耐燃烧性	级	FV0
10	长期耐热性温度指数	级	F（155）

5.1.2 封闭母线应配备空气循环干燥装置（见图 5-1），自动监测母线内空气湿度并循环脱水干燥，防止母线内部受潮凝露，造成母线对地绝缘降低导致跳机事故。

图 5-1 封闭母线应配备空气循环干燥装置

【释义】2018年2月18日，扎鲁特站2号调相机运行过程中因封闭母线内凝露、结冰（见图5-2），造成A相绝缘降低，引发定子接地保护动作跳机。原因分析为：封闭母线最初设计未考虑调相机运行的实际工况，配置微正压和热风保养系统，未配备空气循环干燥装置。调相机经常低功率运行，母线发热量小，配置的微正压和热风保养系统不能完全对补充到封闭母线内的空气进行除湿，水汽在封闭母线内形成凝露，造成母线绝缘降低引发保护动作跳机。

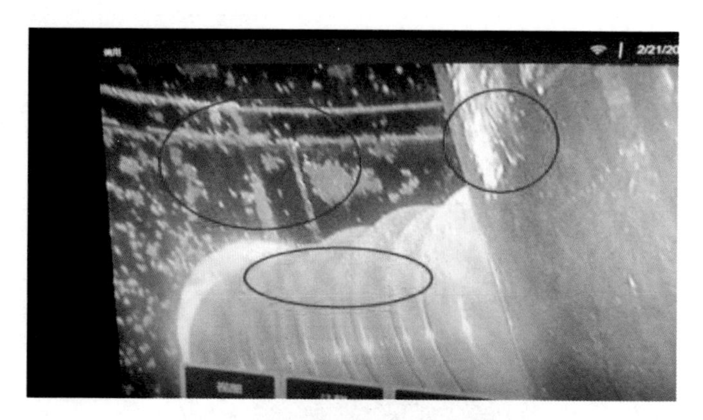

图5-2　封闭母线凝露情况

5.1.3　当母线通过短路电流时，外壳的感应电压不应超过24V，防止感应电压造成人身伤害。

5.2　采购制造阶段

母线焊接应采用惰性气体保护电弧焊，焊缝应经 X 射线或超声波探伤检验合格。

5.3　基建安装阶段

5.3.1　运输过程中应妥善包装，应有防雨雪、防潮、防锈、防腐蚀、防震、防冲击等措施。

【释义】拉萨站封闭母线组件在安装前，因运输及吊装原因，导致外壳开裂（见图 5–3），需重新焊接使用。

图 5–3　封闭母线外壳开裂

5.3.2　封闭母线外壳封闭前，应对内部进行全面清洁，防止封闭母线内留有异物。

5.4　调试验收阶段

对于封闭母线内部焊缝应加强宏观检查，发现可能引起放电的焊瘤、开裂、过烧等缺陷应及时处理。

5.5　运维检修阶段

升压变压器低压侧与封闭母线连接的升高座设置的排污装置，应在检修期间检查是否堵塞并定期（至少每季度一次）进行排污。

6 防止继电保护及同期系统事故

6.1 规划设计阶段

6.1.1 调变组电气量保护应采用双重化配置，每一套保护均应能独立反应被保护设备的各种故障及异常状态，并能作用于跳闸或发出信号，当一套保护退出时不应影响另一套保护的运行。

6.1.2 为防止装置家族性缺陷可能导致的双重化配置的两套继电保护装置同时拒动的问题，双重化配置的调变组保护装置应采用不同生产厂家的产品。

6.1.3 双重化配置的继电保护应满足以下基本要求：两套保护装置的交流电流应分别取自电流互感器互相独立的绕组；交流电压应分别取自电压互感器互相独立的绕组。两套保护装置的跳闸回路应与并网断路器的两个跳闸线圈分别一一对应。两套保护装置的直流电源应取自不同蓄电池组连接的直流母线段。每套保护装置及与其相关设备的直流电源均应取自与同一蓄电池组相连的直流母线，避免因一组站用直流电源异常对两套保护功能同时产生影响而导致的保护拒动。

6.1.4　调相机并网断路器本体非全相保护应经延时动作跳并网断路器，同时动作接点开入调变组保护，经调变组保护电流判别后，灭磁再跳并网开关，同时启动失灵保护。

【释义】《国网直流部关于印发〈调相机非全相等保护策略讨论会议纪要〉的通知》(2018 年 02 月 06 日)第 2 条。

6.1.5　调相机非全相保护、并网断路器失灵保护、失灵联跳的母线保护判别使用的电流互感器的变比，应满足保护装置整定配合和可靠性的要求，确保调相机非全相启动失灵时保护可靠动作。当涉及已投运站加装调相机，电流互感器变比难以满足保护整定配合要求时，应通过现场试验或仿真验证调相机非全相启动失灵时保护可靠动作。

【释义】《国网特高压部关于印发〈调相机非全相及失磁仿真讨论会议纪要〉的通知》(2018 年 09 月 04 日)第 4 条：新投运的调相机(接入 500kV 交流系统)出口断路器保护、失灵联跳的母线保护用 TA 应具备 1000/1A 的变比。

6.1.6　直接接入大组滤波器母线的调相机，并网断路器失灵保护动作接点，通过硬接线接入交流滤波器母线上各小组断路器及两台大组进线断路器的跳闸回路。

【释义】《国网特高压部关于印发〈青豫、陕湖、雅江工程交流滤波器保护讨论会纪要〉的通知》(2020年6月8日)第5条。大组滤波器母线保护失灵联跳就地判据和3/2接线母线保护不一致，无法满足调相机非全相启动失灵时保护可靠动作的要求，因此采用直接跳闸方式。

6.1.7 经3/2接线开关并网的调相机，非全相保护判别电流应取自升压变高压侧套管。

6.1.8 转子接地保护跳闸、并网断路器保护失灵联跳信号应作为开关量保护的开入信号接入电气量保护装置。

6.1.9 调相机转子接地保护应采用两套不同原理的保护装置，随励磁屏柜就地安装。每套转子接地保护动作出口应同时接入两套电气量保护装置。

6.1.10 非电量保护应采用三重化配置，采用“三取二”原则出口，三个开入回路要独立，不允许多副跳闸接点并联上送，三取二出口判断逻辑装置及其电源应冗余配置。非电量保护应同时作用于断路器的两个跳闸线圈。

6.1.11 新建工程所有作用于跳机的热工保护信号均直接接入非电量保护装置，由非电量保护装置实现热工保护跳机的功能。接入非电量保护装置的热工保护信号采用“三取二”原则出口，当一路信号传感器故障时采用“二取一”原则出口，当两路信号传感器故障时采用“一取一”原则出口。

【释义】DCS从热工保护输入（开关量及模拟量）到非电量保护屏三取二装置出口，经过两次三取二运算，冗余过度，不利于维护。作用于跳机的热工保护信号包括调相机组定子绕组进水流量低、转子绕组进水流量低、润滑油供油口压力低、润滑油箱液位低、出线端轴瓦温度高、非出线端轴瓦温度高、空气冷却器外冷水流量低、调相机轴承振动高等。

6.1.12　励磁系统严重故障信号应接入非电量保护装置，确保励磁系统严重故障时可靠跳机。

6.1.13　非电量保护、注入式定子接地保护及注入式转子接地保护等动作后不能及时返回的保护（只能靠手动复位或延时返回）不应启动失灵保护。

【释义】注入式定、转子接地保护属于电气量保护，但机组跳闸后接地点依然存在，不会自动复归，其信号不返回的特性与非电量保护信号（如重瓦斯动作信号）相似，不应启动失灵保护。

6.1.14　非电量保护应设置独立的电源回路（包括直流空气开关及其直流电源监视回路）和出口跳闸回路，且必须与电气量保护完全分开。

【释义】非电量保护不启动失灵保护，非电量保护的工作电源（包括直流空气小开关及其直流电源监视回路）及其出口跳闸回路不得与电气量保护共用。

6.1.15 调变组应配置专用的故障录波器。故障录波器应能对站用直流系统的各段母线（控制、保护）对地电压进行录波。调变组专用故障录波器不仅应录取各侧的电压、电流，还应录取匝间保护专用电压、机端开口三角电压、中性点零序电压、升压变中性点零序电流和调相机中性点接地变各侧零序电流等。

【释义】① 调相机系统配置故障录波器，有助于调控人员尽快掌握设备情况，及时做出处置；② 由于直流系统异常引起的断路器误跳、合闸事故时有发生，而此类事故不一定会与系统故障有关联，因此利用录波器对直流系统进行录波将有助于此类事故的分析。

6.1.16 为保证全站交流电失电后直流系统供电质量应满足动力、UPS 应急电源的运行要求，直流蓄电池容量应满足拖动全部直流负载同时运行不小于（大于或等于）90min 要求。

【释义】直流系统负载计算时间为：50～300MW 发电机机组应按 1h 计算，600MW 发电机组应按 1.5h 计算，300Mvar 调相机组参照 600MW 发电机组计算。

6.1.17　直流电源设计系统图应提供计算书，标明开关、熔断器电流级差配合参数。各级开关的保护动作电流和延时应满足上、下级保护定值配合要求，防止直流电源系统越级跳闸。

【释义】2020 年 12 月 14 日，青南站 1 号调相机两台循环水泵周期切换时，因水冷主泵配电电源空开与其 0.4kV 电源空开级差配合问题及主循环水泵切换逻辑隐患，导致两台主泵均停机，造成 1 号调相机跳机故障。

6.1.18　站用电系统重要负荷（如直流系统充电机、交流不间断电源、消防水泵等）应采用双回路供电，接于不同的站用电母线段上，并能实现自动切换。

6.1.19　保护屏柜上电压互感器二次回路的空气开关与电压回路总开关的保护动作延时应满足上、下级保护定值配合要求。

【释义】变电站的交流电压回路通常为多套保护并联共用，当保护屏内出现电压回路短路现象时，如电压回路总开关先于屏柜上交流电压回路的空气开关动作，可能会对多套保护装置产生影响，为此要求具有短路跳闸功能的交流回路空气开关的动作值应具有配合关系。

6.2　采购制造阶段

6.2.1　保护装置由屏外引入的开入回路应采用±220V/110V直流电源。光耦开入的动作电压应控制在额定直流电源电压的55%～70%内。

【释义】① 电缆越长，空间电磁干扰信号越容易侵入；开入信号的电压水平越高抗干扰能力越强。因此，遵守保护装置24V开入电源不出保护屏的原则，可有效地提高保护装置抗干扰能力。② 光耦元件可以隔离保护装置与外部回路的电气联系，起到一定的抗干扰作用，但光耦元件的开入动作电压应控制在合理的水平，过低的动作电压对外部干扰不能起到应有的抑制作用，过高的动作电压则可能降低灵敏度。③ 上述措施能有效提高保护抗干扰能力，在产品设计、制造阶段就应提高设备自身抗干扰能力。

6.2.2 为避免开入信号波动引起误动，电气量保护装置的开关量保护开入信号应采用动作功率不低于 5W 的中间继电器，并设置不低于 0.01s 的防抖延时。

6.3 基建安装阶段

6.3.1 交流电流和交流电压回路、不同交流电压回路、交流和直流回路、强电和弱电回路、来自电压互感器二次的四根引入线、电压互感器开口三角绕组的两根引入线、保护装置的跳闸回路和启动失灵回路均应使用各自独立的电缆。新建工程电流互感器和电压互感器回路应从本体接线盒开始即按照独立电缆要求敷设。

6.3.2 端子箱、机构箱、汇控柜等屏柜内的交直流接线，不应接在同一段端子排上。

6.3.3 继电保护及相关设备的端子排，正、负电源之间、跳（合）闸引出线之间以及跳（合）闸引出线与正负电源之间等应至少采用一个空端子隔开。

6.4 调试验收阶段

6.4.1 新投产或 A 修的机组，及同期回路发生改动、励磁系统设备更换或相关动态特性发生改变的机组，在第一次并网前应进行调相机组假同期试验、主变压器倒送电试验。

6.4.2 调相机定子接地保护应将基波零序电压保护与三次

谐波电压保护的出口分开，基波零序电压保护投跳闸，三次谐波电压保护投告警。

【释义】中性点附近发生接地故障时，接地电流较小，零序电压较低，且调相机的三次谐波与机组及外部设备等多因素有关，为防止三次谐波电压保护误动跳机，将三次谐波电压保护投告警。

6.4.3　调相机失磁保护、定子匝间保护、定子三次谐波保护、注入式定子接地保护、启机保护等保护定值应根据现场实测值进行整定。

6.4.4　同期鉴定闭锁继电器的比较基准电压应根据实际运行电压整定，防止比较基准电压与运行电压偏差过大，导致同期合闸失败。

【释义】邵陵站调相机假同期试验中，由于同期屏内同期鉴定闭锁继电器比较基准电压采用固化的525kV进行对比，且不可调整（同期定值为5%压差），实际并网时母线电压达到了538kV，由于压差过大没有发出同期合闸指令导致同期失败。

6.5 运维检修阶段

6.5.1 电压互感器和电流互感器二次回路有且只能有一个接地点，并定期检查一点接地的可靠性。

6.5.2 转子接地保护采用“注入式”和“乒乓式”两套不同原理的保护时，应优先投入“注入式”原理的转子接地保护，另一套“乒乓式”原理的转子接地保护处于退出状态，并断开与转子连接的相关回路。投入运行的转子接地保护因故退出时，应投入另一套转子接地保护，投退原则采取先退后投方式。若两套转子接地保护均无法投入运行时，调相机应停运。

【释义】《国调直调调相机保护调度运行规定》（调继〔2017〕163号）第三部分第8条、第9条。

6.5.3 断路器断口闪络保护功能应在调相机转热备用前投入，调相机并网后应退出；启机保护功能应在调相机启机前投入，调相机并网后应退出；调相机误上电保护应在盘车及启停机过程中投入，调相机并网后应退出。

7 防止分散控制系统（DCS）事故

7.1 规划设计阶段

7.1.1 DCS 应设计两路独立的供电电源（至少有一路为 UPS 电源），任何一路电源失去或故障不应引起 DCS 任何部分的故障、数据丢失或异常动作，电源失去或故障应在 DCS 中报警。

7.1.2 调相机热工主保护应采用三重化配置，保护按照“三取二”原则出口，当一套传感器故障时，采用“二取一”逻辑出口，当两套传感器故障时，采用“一取一”逻辑出口。如确因系统原因测点数量不够，应采取组合逻辑等防保护误动措施。

【释义】2021 年 1 月 20 日，扎鲁特站 2 号调相机开展启机试验过程中，1 号调相机出线端 X 向轴振因干扰显示值异常升高达到跳机值，振动保护逻辑无防误动措施，触发轴振保护动作跳机。

《关于调相机振动保护相关问题的技术监督意见》(国网调

相机技术监督〔2021〕2号文）中要求，“针对调相机振动保护逻辑问题，建议采用以下逻辑优化方案：4个轴振中有1个达到跳机值，且其余3个轴振中有任意1个超过优秀值时触发振动保护跳机，瓦振保护逻辑与轴振相同”；《关于调相机振动保护逻辑优化的补充技术监督意见》（国网调相机技术监督〔2021〕10号文）中要求，振动保护需考虑振动通道状态非OK的情况。

7.1.3 机组应设置独立于DCS的紧急停机按钮，防止DCS故障时机组无法安全停机。

7.1.4 DCS控制电缆必须采用屏蔽电缆，电缆屏蔽层应在机柜侧单端接地；DCS接地线与主电气接地网只允许有一个连接点。

7.1.5 调相机主辅机设备启、停控制信号均应采用脉冲信号，防止DCS失电时误出口造成设备停运。

【释义】2019年11月，天山站调试期间发现原设计空冷系统的风机采用长指令控制，存在DCS失电后长指令消失导致设备停止运行风险。

7.1.6 润滑油压低信号应直接送入交流润滑油泵电气启动回路，润滑油压低低信号应直接送入直流润滑油泵电气启动回路，防止站用电切换、DCS故障失效时油泵无法启动。

【释义】2018 年 4 月 28 日，韶山站在执行“转移 35kV 2 号站用变所带负荷”操作时，运行的润滑油泵失电后，备用泵启动延时较长（运行泵失电 412ms 后备用泵启动），润滑油压降至保护动作值(运行泵失电 413ms 后油压降至跳闸保护动作值）导致调相机跳闸。通过将润滑油压低信号直接送入交流润滑油泵电气启动回路，增加交流油泵电气回路硬联锁，缩短了备用泵启泵时间，有效提高故障情况下调相机的安全。

7.1.7 调相机站应严格遵守《电力监控系统安全防护规定》《电力监控系统安全防护总体方案》和《国家电网有限公司电力监控系统网络安全管理规定》等规定，坚持“安全分区、网络专用、横向隔离、纵向认证”的原则，制定网络安全防护设计方案，落实边界防护、本体安全、网络安全监测等防护要求。

7.2 采购制造阶段

7.2.1 控制器应采用非易失存储器或闪存存储器存储组态程序，防止设备长期断电后组态丢失。

【释义】横河 DCS 断电后，控制器由内部锂电池供电，自持

时间约 72h。电池电量耗尽后，控制器内部的组态程序将被清空，上电后需通过工程师站离线重装组态程序。

7.2.2 DCS 控制器应采用冗余配置，且具备无扰切换功能，主从控制器应同步更新数据，防止从控制器切换为主控制器时对输出产生扰动影响。

【释义】2020 年 7 月 16 日，天山站 1 号调相机因 DCS 控制器间通信点的报文缓冲区处理机制不完善，主从控制器未同步更新数据，报文缓冲区存在油压低跳机信号，主从控制器切换时保护误出口跳机。

7.2.3 参与设备保护的测点应冗余配置，冗余配置的 I/O 测点应分配在不同卡件上，防止单一元件故障导致保护误动或拒动。

【释义】金华站热工保护信号在 DCS 实现“三取二”后，出口至调变组非电量保护屏，其中热工保护 1、2、3 由 FCS0101－3－7 卡件进行出口，若该卡件故障，则第一路热工保护拒动；热工保护 4、5、6 由 FCS0101－5－7 卡件进行出口，若该卡件故障，则第二路热工保护拒动。

7.2.4 新建工程 DCS 控制器应严格遵循机组重要功能分开的独立性配置原则，各控制功能应遵循任一组控制器故障对机组影响最小的原则，防止单一控制器故障导致机组停机。

【释义】为防止单一控制器故障导致机组被迫停运事件的发生，重要的并列或主/备运行的辅机（辅助）设备应由不同控制器控制。例如，单台机组设计四对控制器，一号控制器控制 A 侧水泵、油泵等设备；二号控制器控制 B 侧水泵、油泵等设备；三号控制器控制直流油泵等设备；四号控制器控制本体铁心测温系统、外部冷却循环水系统的相关参数。

7.2.5 DCS 卡件熔丝与卡件通道熔丝的熔断速度及额定电流应匹配，防止任一通道故障影响整块卡件运行。

【释义】锡盟、扎鲁特、政平、苏州等站采用的 ABB DCS 卡件损坏率较高。经检查，ABB 卡件通道熔丝为 1A 慢熔，卡件熔丝为 3A 快熔，通道熔丝与卡件熔丝不匹配造成单通道故障扩大至整块卡件，应将通道熔丝更换为 1A 快熔与卡件熔丝匹配。

7.3 基建安装阶段

7.3.1 控制保护信号的取样装置，应根据所处位置和环境，采取防堵塞、防震、防漏、防冻、防水、防抖动等保护措施。

【释义】2021 年 3 月 25 日，扎鲁特站 1 号调相机水喷雾灭火系统隔膜式雨淋阀异常动作喷水，润滑油母管压力开关接线盒因未采取防水措施进水，润滑油系统热工非电量保护动作跳机。

7.3.2 DCS 设备安装时，应检查屏柜、主机、板卡、网线、连接插件等的固定、屏蔽、受力、接地情况，防止因安装工艺控制不良导致的设备损坏或故障。

7.3.3 DCS 信号电缆与动力电缆应分开敷设，防止强电与弱电相互干扰，造成设备损坏或保护误动。

【释义】施工中信号电缆与动力电缆尽量在不同的通道中敷设，当在同一通道中敷设时，信号电缆与动力电缆应分层布置并采用必要的隔离措施，避免电缆之间的相互干扰；信号电缆与动力电缆之间的距离，应满足《电力建设施工技术规范　第4部分：热工仪表及控制装置》（DL 5190.4）的要求。

7.3.4 屏柜内的交直流接线，不应接在同一段端子排上，避免交流串入直流回路引起保护误动作。

7.3.5 电子设备间空调的出风口不能正对机柜或 DCS 其他电子设备，防止冷凝水渗透到设备内造成危害；电子间应保持环境清洁、滤网干净，防止电子卡件静电吸附粉尘导致设备故障。

7.3.6 屏柜内光缆敷设应考虑光纤配线架法兰盘安装方向，防止弯折角度过小损坏光纤导致通信异常，光纤熔接盒内熔接点应正确安装、标识清晰。

【释义】光纤尾缆选择屏柜布线方向时，应与法兰盘方向顺接，正确安装后光纤弯折角度大于 90°，接头尾端不受重力悬垂影响。

7.3.7 应严格执行网络安全防护方案，在调相机 DCS 安装时应同步落实边界防护、本体安全、网络安全监测等安全防护技术措施。

7.4 调试验收阶段

7.4.1 应通过现场试验逐个验证内冷水断水保护、润滑油油压低等保护定值及动作逻辑正确性，并通过站用电切换试验检查内冷水泵、润滑油泵、顶轴油泵、排油烟风机、外冷水泵及风机等设备切换功能是否完备。

7.4.2　主机及主要辅机保护逻辑执行时序、配合时间应按设备工艺及控制要求设计，防止因参数设置不当保护误动。

【释义】2020年12月14日，青南站2号调相机循环水泵切换时，双泵全停导致跳机。循环水泵周期切换逻辑设计为运行泵切换期间10s内禁止回切，因逻辑参数设置不当，备用泵退出运行后，原运行泵无法回切，造成双泵全停。

7.5　运维检修阶段

7.5.1　设备运行期间，禁止在电子设备间使用无线通信设备，防止因电磁干扰引起设备工作异常。

7.5.2　调相机DCS软件修改、审批和现场实施应严格遵守《国家电网有限公司调相机控制及非调管保护软件运行管理实施细则》的相关规定要求。

7.5.3　应根据机组具体情况，建立DCS故障时的应急处理机制，制订DCS故障应急处理预案，定期（每年至少一次）进行反事故演习。

【释义】2020年6月1日政平调相机大负荷试验期间，调相

机后台所有DCS操作员站不可用，数据不刷新，重启后无法打开监控程序，DCS服务器软件故障且没有切至备用服务器，后经厂家服务人员重启服务器成功恢复。

DCS故障类型很多，主要有控制电源失电、控制电源冗余切换故障、控制器冗余切换故障、网络通信故障、网络通信设备失电、操作员站死机、操作员站失电等。不同故障类型对DCS控制功能的影响程度不同，须针对DCS不同的故障类型，制订相应的故障应急处理预案，指导运维人员的故障应急处理，并定期进行演习，保证人身和设备安全。

7.5.4 检修时应根据《快速动态响应同步调相机组检修规范》（Q/GDW 11937）要求，进行跳机、跳闸动作回路传动试验，保证跳闸逻辑、保护定值正确，回路功能正常。

【释义】机组检修期间，传感器校验、机柜清扫、电缆接线检查、信号取样回路吹扫、控制逻辑修改等操作，易导致保护系统恢复不彻底。为保证热工保护跳闸回路功能正常，在机组重新启动前，必须对所有跳机、跳闸动作回路进行传动试验，检验传感器测量、信号传送、保护装置等整个保护回路的可靠性。

7.5.5 运维单位应加强二次安全防护管理，防止感染病毒，防病毒软件应定期升级。

7.5.6 DCS 严禁接入任何未经安全检查和许可的各类网络终端和存储设备。

7.5.7 DCS 备用卡件应与在运卡件基础程序版本保持一致，防止卡件程序异常导致保护误动。

8 防止内冷水系统事故

8.1 规划设计阶段

8.1.1 作用于断水保护的差压开关应按照三套独立冗余配置，防止单一元件故障导致保护误动。保护应按照“三取二”原则出口，当一套差压开关故障时，采用“二取一”逻辑出口；当两套差压开关故障时，采用“一取一”逻辑出口。

【释义】《关于2020年调相机DCS软件修改的技术监督意见》（国网调相机技术监督〔2020〕1号文）中要求，“DCS中涉及跳机且具有三路冗余信号的逻辑，按照‘三取二’原则出口，当一套传感器故障时，采用‘二取一’逻辑出口，当两套传感器故障时，采用‘一取一’逻辑出口”；《防止电力生产事故的二十五项重点要求》6.4.8.1要求，“当有一点因某种原因须退出运行时，应自动转为‘二取一’的逻辑判断方式；当有两点因某种原因须退出运行时，应自动转为‘一取一’的逻辑判断方式”。

8.1.2 双水内冷调相机应设计定子冷却水反冲洗装置，应采用不小于200目的不锈钢板滤网，当定子出水温度异常时可及时对定子进行反冲洗。

8.1.3 定、转子冷却系统应采用耐蚀性能不低于S30408不锈钢材质的水泵、管道和阀门，防止锈蚀产物进入内冷水系统。

【释义】S30408不锈钢化学成分：碳，≤0.08%；硅，≤1.00%；锰，≤2.00%；磷，≤0.045%；硫，≤0.030%；镍：8.00%～11.00%；铬：18.00%～20.00%。

8.1.4 新建双水内冷调相机转子出水支座应采用双侧回水，回水管路管径不小于DN200，运转层上该回水管路水平段设有不小于3%的坡度，其余水平段设有不小于1.5%的坡度，放坡方向应顺介质流向，防止回水不畅，造成出水支座漏水。

【释义】韶山、泰州站调相机转子回水管路坡度偏小，增加了转子冷却水回水阻力，引起管内气体在管路上的积聚，造成气堵，最终导致出现转子出水支座漏水现象。

8.1.5 转子盘根冷却水管应采用聚四氟乙烯（PTFE）软管连接，防止因振动造成转子盘根冷却水管断裂漏水。

【释义】韶山站 2 号调相机转子盘根冷却水管为不锈钢管硬连接方式，固定点较少。2018 年 2 月 7 日，调相机运行中由于振动使得连接螺栓处产生较大应力，水管根部发生脆性断裂，内冷却水喷出，造成转子滑环受潮发生转子接地故障。

8.2 基建安装阶段

8.2.1 安装前应对全部不锈钢管件进行光谱分析，材质不符设计要求时，应进行更换。

【释义】内冷水系统选用的管材应符合设计要求，例如当设计管材为 S30408 时，其化学成分：碳，≤0.08%；硅，≤1.00%；锰，≤2.00%；磷，≤0.045%；硫，≤0.030%；镍：8.00%～11.00%；铬：18.00%～20.00%。

8.2.2 内冷水管道的焊缝（包括管道制造焊缝和现场安装焊缝）分别按照 20%比例进行抽样检测，发现缺陷时应分析原因并扩大 1 倍抽检比例，对扩大抽查比例仍存在危害性焊接缺陷的，应对该施工单位焊接的全部焊缝进行无损检测，并对检测不合格焊缝进行重焊处理，重焊后的焊缝应检测合格。

【释义】按照《国网设备部关于印发〈2021年电网设备电气性能、金属及土建专项技术监督工作方案〉的通知》（国家电网有限公司设备技术〔2020〕86号）要求，对冷却系统管道焊缝抽检发现存在不合格时，扩大1倍抽检比例检测，仍存在不合格焊缝时应对该管道焊缝进行100%全检，对发现的不合格焊缝进行返修消缺，复测合格后方可投入使用。

淮安、泰州等站内冷水管道检测时发现大量未焊透、未熔合缺陷，均为焊接工艺不合格且未按比例严格抽检所致。

8.2.3　管道、阀门和法兰安装过程中应临时封堵，防止异物堵塞管路。

8.2.4　离子交换器冲洗后，应确认内部清洁无杂物，防止离子交换器运行故障，影响内冷水水质。

【释义】2021年鄱阳湖站1号机调试期间，定子冷却水系统冲洗完成后，离子交换器（见图8-1）内有较多片状杂质，该部分杂质易造成水帽堵塞，引起离子交换器运行故障。

图 8-1 离子交换器

8.2.5 定、转子冷却水系统中的垫片应使用聚四氟乙烯材质的垫片，防止其他材质的垫片老化破碎进入内冷水系统。

【释义】根据《防止电力生产事故的二十五项重点要求》10.3.1.1 要求，水内冷系统中的管道、阀门的橡胶密封圈宜全部更换成聚四氟乙烯垫圈。法兰、阀门连接垫片采用橡胶等其他材质，易老化破碎进入内冷水系统，造成内冷水系统堵塞。定子内冷水系统中管道、阀门采用的材料应是化学性能稳定、耐老化性能优越的聚四氟乙烯垫圈。

8.3 调试验收阶段

定、转子冷却水系统水压试验及冲洗用水应使用除盐水，管路冲洗排水符合《大型发电机内冷却水质及系统技术要求》（DL/T 801）要求后才能进入定、转子线棒，防止杂质进入内冷水系统。

【释义】采用地下水、地表水、自来水等其他水源进行水压试验及冲洗时，杂质将被带入定、转子冷却水系统。

8.4 运维检修阶段

8.4.1 定、转子冷却水水质应满足《大型发电机内冷却水质及系统技术要求》（DL/T 801）要求。水质不达标应分析原因，确认为设备原因导致的应对内冷水设备进行改造。

【释义】含铜量是一个随腐蚀速率变动的监测指标，需要通过调整 pH 值、电导率等其他参数来控制含铜量不超标。根据《防止电力生产事故的二十五项重点要求》10.3.1.5 要求，水内冷发电机的内冷水质应按照《大型发电机内冷却水质及系统技

术要求》(DL/T 801)进行优化控制，长期不能达标的发电机宜对水内冷系统进行设备改造。《大型发电机内冷却水质及系统技术要求》(DL/T 801)规定pH值是7～9(7～8时应控制溶氧量低于30μg/L)、含铜量低于20μg/L。内冷水pH值的期望值是8～9，此时不论水中溶氧量多少，都可以保证含铜量低于20μg/L。

8.4.2　定、转子冷却水系统法兰、阀门连接垫片拆除后应更换，避免重复使用造成密封不良。

8.4.3　调相机启动前，应使用除盐水对定、转子冷却水系统作运行流向的水冲洗，直至排水清澈，电导率符合DL/T 801要求。

8.4.4　调相机累计运行两个月以上，遇有停机机会，应对定子冷却水回路进行反冲洗，以确保水路畅通；相同流量下的进水压力（或进出水压差）比正常运行值高出10%时，应对定子冷却水回路进行反冲洗。

【释义】2020年1月，沂南站2号机运行期间流量及压力均出现异常，进出水压差超过正常运行值(0.2MPa)，现场采用反冲洗的处理方式，进出水压差得到明显改善。

8.4.5　在冷却水箱（见图8－2）等有限空间内作业时，应用鼓风机向内进行吹风，保持空气循环，氧气浓度保持在

19.5%～21%，防止缺氧窒息。

图 8-2　冷却水箱

【释义】根据《防止电力生产事故的二十五项重点要求》1.9.1要求，进入沟道（池、井）内施工前，应用鼓风机向内进行吹风，保持空气循环，并检查沟道（池、井）内的有害气体含量不超标，氧气浓度保持在19.5%～21%。

8.4.6　调相机A修期间，应按照《汽轮发电机漏水、漏氢的检验》（DL/T 607）对内冷水系统密封性进行检验。当对水压试验结果不确定时，应用气密试验查漏。

8.4.7　定、转子冷却水系统管道和阀门检修时，应彻底清理内部杂物，应采取防止异物进入内冷水系统的措施，如采取管道口、阀门口封堵措施。

8.4.8　每年至少进行一次内冷水泵与电机同心度校准，避免因同心度偏差较大、振动超标造成泵轴承、轴封损坏漏水。

9 防止外冷水系统事故

9.1 规划设计阶段

9.1.1 外冷水泵应冗余配置，并具备手动切换、定期切换、故障切换、远程切换功能，在切换不成功时应能自动回切，正确设置切换时间，切换延时引起的流量变化应满足机组换热对外冷水系统最小流量的要求，避免切换过程中出现低流量保护误动。

【释义】 2020年12月14日，青南站1号调相机外水冷系统2号循环水泵周期切至1号循环水泵，1号循环水泵软启运行4s后切至工频运行，1号循环水泵动力柜电源故障导致水泵跳闸，因切换逻辑不合理，1号循环水泵未能回切至2号循环水泵，两台循环水泵均停，报循环水流量低低，最终断水保护跳机。

9.1.2 外冷水泵进出口应设置阀门（见图9－1），以便在不停运外冷水系统时进行外冷水泵故障修复。

图 9-1　外冷水泵进出口应设置阀门

9.1.3　单台外冷水泵的两路电源应取自不同母线，且相互独立，不应有共用元件；单台风机的两路电源应取自不同母线，且相互独立，不应有共用元件。

9.1.4　外冷水系统缓冲水池与冷却塔集水池之间水流通道应设置过滤网（见图 9-2），过滤网及其框架应采用不锈钢材质，滤网前后应设置液位监测装置。

图 9-2 外冷水系统缓冲水池与冷却塔集水池之间应设置过滤网

9.1.5 温度低于 0℃地区的户外供水、排水及外冷水系统设备（阀门、仪表、密封圈、传感器等）应通过加装保温棉（见图 9-3）、埋管至冻土层以下、增加电伴热带、选取耐低温管材、搭建防冻棚等措施，避免温度低于 0℃时管道冻裂或设备故障。

图 9-3 外冷水系统管道加装保温棉

【释义】2017年12月，扎鲁特站户外空冷器保温措施不完善，导致调试期间管道冻裂，严重影响设备稳定运行，现场采取电伴热带的整改措施，降低了管道冻裂的风险。

9.1.6 开式冷却塔应设置挡水板、格栅等设施，防止淤泥沉积、杂物进入及藻类滋生，造成换热设备性能下降。

【释义】扎鲁特、沂南站调相机检修时，发现冷却塔底部存在淤泥沉积、塑料杂物进入及藻类滋生等现象，严重情况下，以上杂物将进入润滑油换热器内部，将造成调相机润滑油温出现异常上升。

9.1.7 调相机站污水处置应依据环评批复报告及当地法律法规，工业废水接入当地排水系统的，污水水质应满足当地污水处理规划要求。

9.1.8 外冷水泵应设计轴封漏水监测装置，及时检测轻微漏水，并上送报警信息至监控后台。

9.2 采购制造阶段

9.2.1 外冷水系统各类仪表、传感器、变送器等测量元件（特殊测量仪表除外）的装设位置和工艺应满足故障后不停运外冷水系统进行检修或更换的要求。
9.2.2 冷却塔框架、壁板、风筒等应采用 S30408 及以上等级不锈钢材质并具有足够的强度，避免冷却塔锈蚀严重，缩短使用寿命。
9.2.3 冷却塔声功率级应小于 85dB（A），满足《工业企业噪声控制设计规范》（GB/T 50087）的要求。

9.3 基建安装阶段

9.3.1 采用不锈钢管时，安装前应对全部管件进行光谱分析，材质不符设计要求时，应进行更换。

【释义】外冷水系统选用的管材应符合设计要求，例如当设计管材为 S30408 时，其化学成分：碳，≤0.08%；硅，≤1.00%；锰，≤2.00%；磷，≤0.045%；硫，≤0.030%；镍 8.00%～11.00%；铬：18.00%～20.00%。

9.3.2 外冷水管道焊缝（包括管道制造焊缝和现场安装焊

缝）分别按照20%比例进行抽样检测，发现缺陷时应分析原因并扩大1倍抽检比例，对扩大抽查比例仍存在危害性焊接缺陷的，应对该施工单位焊接的全部焊缝进行检测，并对检测不合格焊缝进行重焊处理，重焊后的焊缝应检测合格。

【释义】按照《国网设备部关于印发〈2021年电网设备电气性能、金属及土建专项技术监督工作方案〉的通知》（国家电网有限公司设备技术〔2020〕86号）要求，对冷却系统管道焊缝抽检发现存在不合格时，扩大1倍抽检比例检测，仍存在不合格焊缝时应对该管道焊缝进行100%全检，对发现的不合格焊缝进行返修消缺，复测合格后方可投入使用。

淮安、泰州、沂南等站内冷水管道检测时发现大量未焊透、未熔合缺陷，未按比例严格抽检所致。

9.3.3　外冷水系统管道、阀门应进行水压试验和清洁度检查，水压试验应满足《压力管道规范　工业管道　第5部分：检验与试验》（GB/T 20801.5）的要求。

9.3.4　缓冲水池、集水池防水工程完成后应进行闭水试验，闭水试验应满足《建筑地面工程施工质量验收规范》（GB 50209）的要求。

9.4 调试验收阶段

9.4.1 不锈钢管道的水压试验用水质应满足氯离子含量小于等于 25mg/L 的要求，防止不锈钢管道的腐蚀。

【释义】不锈钢管道中水质的氯离子指标应满足《工业金属管道施工规范》（GB 50235）的要求，水压试验用水质也不应低于该标准要求，故应满足氯离子小于等于 25mg/L 的要求。

9.4.2 通过外冷水泵切换试验，核查在各种运行工况下外冷水泵切换逻辑的正确性。通过站用电切换试验检验外冷水泵切换与站用电切换配合的合理性。

9.5 运维检修阶段

9.5.1 开式外冷水系统应严格按照动态模拟试验结果控制外冷水的电导率、pH 值、硬度、氯离子等指标，通过调整阻垢缓蚀剂和杀菌剂的加药量及外冷水排污量优化外冷水水质，防止外冷水系统发生腐蚀、结垢和微生物滋生。

【释义】根据《防止电力生产事故的二十五项重点要求》

6.5.4.5 要求，加强循环冷却水系统的监督和管理，严格按照动态模拟试验结果控制循环水的各项指标。动态模拟试验是通过模拟现场运行工况下，对给定药剂量的动态评价，试验结果将对机组运行水质提出指导性的方案。

9.5.2 检修时，应对换热器进行检查和水冲洗，必要时进行化学清洗，防止换热器换热性能下降。

9.5.3 每年至少进行一次外冷水泵与电机同心度校准，避免振动超标造成泵轴承、轴封损坏漏水。

10 防止除盐水系统事故

10.1 规划设计阶段

10.1.1 除盐水系统中所有参与保护、控制、联锁的仪表均应满足双重化配置（包括仪表取样点、测量元件），防止单一元件故障造成除盐水系统无法制水。

10.1.2 双重化设计的设备电源应采用不同母线的站用电，防止单一母线失电导致设备停止工作。

【释义】EDI 两个模块控制电源均取自 400V A 段，若 400V A 段停电，EDI 模块将无法启动。

10.1.3 低温地区应设置电加热装置，防止水温过低影响除盐水系统出力。

【释义】除盐水超滤、反渗透装置设计出力是进水温度在 25℃下的出力，装置入口压力不变的情况下进水温度每下降 1℃产

水流量约降低3%。冬季温度较低时可能导致超滤反渗透出力不足。以淮安站为例，冬季反渗透出力约为夏季出力的60%左右。

10.1.4 电除盐（EDI）极水应排至室外，防止水中的氢气、氯气等危险气体聚集。

【释义】沂南站除盐水EDI极水排水管排至室内排水沟，危险气体聚集对人身安全造成危害。

10.1.5 EDI模块的进出水管道均应设置隔离阀，每个模块的产水管上应设置取样口和取样阀，以便对每个模块水质进行监督。

10.2 基建安装阶段

超滤、反渗透、EDI离子交换膜元件在组装和停用期间，应定期通水，保持膜元件湿润，防止脱水、发霉。

10.3 调试验收阶段

管道的焊接质量应符合《电厂用水处理设备验收导则》（DL/T 543）要求，焊缝表面不应有裂纹、气孔、弧坑和夹渣等缺陷，并且应满足 1.25 倍设计压力的水压试验要求。

10.4 运维检修阶段

10.4.1 除盐水系统化学清洗时，应制订废液处理方案，并经审批后执行，清洗产生的废液经处理达标后排放。废液外运处置的，处置单位应有资质，运维单位应监督处理过程，并留下记录。

【释义】 根据《防止电力生产事故的二十五项重点要求》25.3.4 要求，锅炉进行化学清洗时，必须制订废液处理方案，并经审批后执行。清洗产生的废液经处理达标后尽量回用，降低废水排放量。酸洗废液委托外运处置的，第一要有资质，第二电厂要监督处理过程，并且留下记录，化学废液中含有大量废酸等污染物，切记不可直接外排。

10.4.2 在使用酸碱药剂的地点，应安装喷淋装置、急救药箱、防护手套、口罩及护目镜等安全防护用品。

10.4.3 搬运和使用强碱性药剂的工作人员，应熟悉药剂的性质和操作方法，并佩戴口罩、橡胶手套及防护眼镜。

11 防止油系统及轴瓦损坏事故

11.1 规划设计阶段

11.1.1 油系统应尽量避免使用法兰连接，禁止使用铸铁阀门，以防止油管道泄漏，减少火灾隐患。

【释义】为了便于安装和检修，油系统管路一般采用法兰、锁母接头连接，这种连接方式极易造成油的泄漏，易引起油系统火灾事故。因此除管道与主机、油泵、冷油器和过滤器连接处使用法兰连接，其他连接处应采用焊接连接，以减少火灾隐患。

铸铁的含碳量高，脆性大，焊接性很差，一般不能承受高温环境，在焊接过程中易产生白口组织和裂纹，因此油系统禁止使用铸铁阀门。

11.1.2 油系统主油路上闸阀、截止阀阀门门芯应与地面水平安装。油系统事故放油阀应串联设置两个钢制截止阀，操作手轮设在距油箱 5m 以外的地方，事故放油阀的操作手轮应安装在便于紧急情况时操作的位置。

【释义】油系统阀门不得在水平管道上立式安装，闸阀、截止阀阀门门芯应与地面水平安装，以防止由于门芯脱落导致油管道堵塞。在紧急情况下能迅速找到阀门进行操作。

11.1.3 主油箱油位测量元件应按照三套独立冗余配置，防止单一元件故障导致保护误动，油位低跳机定值应考虑机组跳机后的惰走时间。

【释义】主油箱油位低跳机定值应考虑润滑油泄漏的极端情况下机组能够安全停机。

11.1.4 低油压跳机开关应按照三套独立冗余配置，防止单一元件故障导致保护误动。

11.1.5 交流润滑油泵、交流顶轴油泵的 A/B 泵电源应从不同母线段接入，防止单段母线失电导致油泵全停。

11.2 采购制造阶段

11.2.1 润滑油冷油器制造时，冷油器切换阀应有可靠的防止阀芯脱落的措施，避免阀芯脱落堵塞润滑油通道导致断油、烧瓦。

【释义】近年连续在300MW、600MW发电机组发生由于冷油器切换阀阀芯脱落堵塞润滑油通道，造成机组断油烧瓦事故。

11.2.2 轴瓦合金层与基体结合部位应进行无损探伤检测，防止轴瓦合金层与基体结合不佳造成脱胎、烧瓦。

【释义】轴瓦安装前应对轴承瓦进行检查，确认无脱壳、裂纹等缺陷，轴瓦接触面、轴颈、镜板表面粗糙度应符合设计要求。对于巴氏合金轴承瓦，应检查合金与瓦坯的接触情况，必要时进行无损探伤检测。

11.2.3 润滑油系统应采取减缓润滑油压大幅波动的措施（如采取蓄能器、应急油箱等装置），防止润滑油系统压力大幅波动引起跳机。

【释义】2018年4月28日，韶山站执行站用电倒闸操作时，1号调相机交流润滑油泵B电机失压停止运行，润滑油母管压力降低，母管压力低Ⅰ值开关（0.53MPa）、低Ⅱ值开关（0.24MPa）依次动作，交流润滑油泵A和直流润滑油泵联锁启动正常。随

后，母管压力低Ⅲ值开关（0.135MPa，跳机值）动作，1号调相机热工主保护动作跳机。

如采用蓄能器，其参数应满足以下要求：① 考虑安全裕量，保证润滑油泵切换延迟情况下，系统压力能够维持在安全值3s以上；② 皮囊式蓄能器符合《蓄能压力容器》（GB/T 20663）的要求。

11.2.4 主油箱排油烟风机应有排积油措施，防止风机出口积油过多，造成风机过载停机或不能正常启动。

【释义】2021年4月13日，泰州站调相机润滑油排油烟风机电机出现堵转，运行电流超过定值，导致空气开关跳开。对排烟风机底部积油处加装排油管及手动阀门，定期手动排油，年度检修时应拆解清理，保障调相机运行时排油烟风机正常运行。

11.2.5 交流润滑油泵、交流顶轴油泵电源的接触器，应采取低电压延时释放措施，同时要保证自投装置动作可靠。

【释义】交流润滑油泵电源的接触器应配置为防晃电延时释放接触器，避免电源短时异常造成油泵停运。

11.2.6　润滑油系统动力电源应设置三相电源电压监视继电器，失电告警信号应接至 DCS 后台。

【释义】根据《火力发电厂热工保护系统设计技术规定标准》（DL/T 5428）第 5.1.4 条要求，硬接线保护逻辑回路和独立的保护驱动回路应装设各自的电源熔断器或脱扣器，并设置重要回路的电源监视。

11.2.7　润滑油系统动力柜中不允许使用双电源切换装置来实现电源的切换，避免单一元件故障而造成调相机跳机。

【释义】双电源切换装置出口电源为一路电源，并接至交流空开。如果运行期间出现空开跳闸或故障、切换装置故障、出口线路故障等单一元器件问题时，将会造成两台交流润滑油泵同时失电，而发生跳机事故甚至烧瓦情况发生。同时单一元件不便于平时的维护与在线检修。

11.3　基建安装阶段

11.3.1　油系统安装前应彻底清理，严防遗留杂物堵塞油泵入口或管道。

11.3.2 油系统法兰禁止使用塑料垫、橡皮垫（含耐油橡皮垫）和石棉纸垫。

【释义】塑料垫会与油系统中的润滑油产生化学反应破损、橡皮垫容易老化、石棉纸垫容易破损会产生碎屑进入油系统，造成油质劣化、油管路堵塞。油系统必要法兰连接垫片应采用质密耐油并耐热的垫片，可参照《电力建设施工技术规范　第3部分：汽轮发电机组》（DL 5190.3）中附件C的要求。

11.3.3 油管道安装时应考虑在运行工况下的自由膨胀和振动，避免管道碰磨。

11.3.4 不锈钢管件安装前应对其进行光谱分析，对材质不符合设计要求的应进行更换。

11.3.5 顶轴油管道环缝（包括管道制造焊缝和现场安装焊缝）应按照100%比例进行检测；除顶轴油外的润滑油管道环缝（包括管道制造焊缝和现场安装焊缝）应按照20%比例进行抽样检测；对除顶轴油外的润滑油管道和冷却系统管道焊缝抽检发现存在不合格时，应扩大1倍抽检比例检测，仍存在不合格焊缝时应对该管道焊缝进行100%全检，对发现的不合格焊缝进行返修消缺，复测合格后方可投入使用。

【释义】淮安、泰州、沂南站调相机油管路焊缝合格率普遍严重偏低，存在首次检修就需要重新焊接处理等问题，应在安装阶段加强油管路焊缝的无损探伤抽查。

11.3.6　各压力开关应在现场进行通道校验，确保润滑油压低时能正确、可靠的联动交流、直流润滑油泵，油压低联启直流油泵的同时必须跳闸停机。

【释义】因为不同的制造商、不同机组润滑油压定值不同，不宜确定为统一的数值，但要求测点安装位置和定值的整定必须满足要求。对各压力开关应采用现场试验系统进行校验，目的有两个：一是检验压力开关定值设置是否正确；二是检验备用油泵联启的过程中润滑油压力是否满足要求。

部分制造商设计的润滑油压低调相机跳闸保护定值低于直流润滑油泵连锁启动定值，对旋转机械来说断油烧瓦的后果是极其严重的，即使调相机运行在制造商给定的低润滑油压下是安全的，但当直流润滑油泵联锁启动时，调相机机润滑油系统已经没有了备用油泵，因此，这种工况本身就是不安全的，一旦系统油压进一步下降或直流润滑油泵故障，后果不堪设想。而对于那些直流润滑油泵出口越过冷油器直接接到冷油器出口的机组，更要坚持直流润滑油泵联启的同时必须跳闸停机。

11.4 运维检修阶段

11.4.1 油系统检修过程中应彻底清理，严防遗留杂物堵塞油泵入口或管道。

11.4.2 油系统管道在检修过程中使用的临时滤网应采用激光打孔滤网，防止滤网破损进入管道内；检修结束后应拆除临时滤网。

【释义】为防止由于滤网堵塞而造成断油事故，在润滑油管道中不应装设滤网。

11.4.3 油系统的设备及管道损坏发生漏油，凡不能与系统隔绝处理的，应立即停机处理。

【释义】在机组润滑油系统发生大量泄漏的情况下，不应等到油泵打不上油时，靠润滑油压低保护停机，必须提前采取措施停机，以防止调相机在高转速下断油烧瓦。机组运行中发生油系统泄漏时，应先申请将机组停下来，避免处理不当造成大量跑油，导致烧瓦。

11.4.4 油系统油质应按《电厂用矿物涡轮机油维护管理导

则》（GB/T 14541）要求定期进行化验，油质劣化应及时处理。在油质不合格的情况下，严禁机组启动。

【释义】机组启动前，油质必须合格。油质指标不合格（包括油中含有杂质和含水量超标）时，禁止向各轴承充油，并且应连续投入油净化装置直至油质合格，油净化装置宜伴随机组连续运行。在油质不合格时启动机组，将导致轴承损坏。

11.4.5 备用油泵及其自启动装置，每两周应至少启动一次，保证处于良好的备用状态。机组启动前备用油泵必须处于联动状态。机组正常停机前，应进行备用油泵的全容量启动试验。直流润滑油泵至少每月应启动一次，确保直流润滑油泵处于良好备用状态。

【释义】作为主油泵的润滑油泵和作为备用的润滑油泵要定期轮换运行，联锁开关必须在投入状态，并且直流油泵严禁设置任何保护。机组正常停机前，应进行油泵的全容量启动试验，并确认油泵工作正常、油压正常。建议采取以下措施：

（1）维持润滑油箱在正常油位或较高油位运行，特别是不能在低油位运行；

（2）保持润滑油箱负压在合理范围；

（3）正常停机前，进行油泵启动试验，并保持油泵运行直至油泵润滑油压达到正常值后再停运油泵，投入备用。

邵陵站调相机在首次拖动前抽查润滑油泵切换试验，发现因硬连接联锁不通导致润滑油压力突降为零的问题。

11.4.6 调相机A修或润滑油系统和顶轴油系统发生异常时，应检查各油泵出口逆止阀，防止逆止阀卡涩、内漏、装反、阀板脱落等导致润滑油压无法建立或断油。

11.4.7 机组启动、停机和运行中要严密监视轴瓦钨金温度和回油温度。当温度超过标准要求时，应按规程规定果断处理。

【释义】机组运行中，各支撑轴承的金属温度，均不应高于制造商规定值。

11.4.8 在运行中发生了可能引起轴瓦损坏的异常情况（如瞬时断油、轴瓦温度急升超过120℃等），调相机停机后应确认轴瓦未损坏，方可重新启动。

11.4.9 油系统事故放油阀操作手轮应挂有“事故放油阀，禁止操作”标志牌，手轮不应加锁。

12 防止火灾事故

12.1 规划设计阶段

12.1.1 对于设置固定式灭火系统的调相机设备，应采用两种探测器的组合探测方式，防止系统误动或拒动。

12.1.2 当采用水喷雾灭火系统作为固定灭火系统时，水雾喷头宜布置在保护对象的顶部周围，并应使水雾直接喷向并完全覆盖保护对象，且水雾喷头的工作压力应不小于0.35MPa，保障水喷雾灭火系统灭火效果。

【释义】锡盟站调相机厂房内基建期间发现部分水雾喷头距离电缆桥架较近，影响喷头的包络灭火效果。《水喷雾灭火系统技术规范》（GB 50219）3.1.3 对水雾喷头的工作压力做出明确规定。

12.1.3 高海拔地区，水雾喷头、管道与电气设备带电（裸露）部分的安全净距设计应充分考虑特殊气候条件，防止发生闪络放电，造成设备跳闸。

【释义】2021年4月23日，青南站2号、3号、4号调相机变压器跳闸，由于变压器区域消防管道安装位置外绝缘设计距离不足，导致强雨水天气下的750kV套管高压端沿增爬伞裙外沿至消防管形成闪络放电通道，造成变压器本体保护动作，进而引发变压器跳闸。《高海拔外绝缘配置技术规范》（Q/GDW 13001）对户外变电站一次设备要求的最小电弧距离见表12－1。

表12－1 户外变电站一次设备最小电弧距离 mm

系统标称电压 kV	海拔 m											
	1000		2000		2500		3000		3500		4000	
	相对地	相间	相对地	相间	相对地	相间	相对地	相间	相对地	相间	相对地	相间
220J	1800	2000	2000	2200	2100	2300	2170	2370	2280	2480	2350	2550
330J	2500	2800	2950	3250	3200	3500	3480	3780	3820	4120	—	—
500J	3800	4300	4680	—	5600	—	—	—	—	—	—	—
750J	5500	7200	5950	—	6300	—	6700	—	7400	—	—	—

12.1.4 工程师站、控制保护设备室、配电室、直流及UPS室如设有气体灭火系统，应有保证人员在30s内疏散完毕的通道和出口，设应急照明与疏散指示标志，防护区门的开启方向应与疏散方向一致，以便气体灭火系统启动后人员可快速撤离，保障人身安全。

【释义】《气体灭火系统设计规范》(GB 50370)6.0.1、6.0.2、6.0.3 做出了相关规定。

12.1.5 气体灭火系统的防护区应设置泄压口，宜设在外墙上；泄压口面积按相应气体灭火系统设计规定计算；在气体灭火系统喷放灭火剂前，防护区内除泄压口外的开口应能自行关闭，保障气体灭火系统全淹没灭火效果。

【释义】《气体灭火系统设计规范》(GB 50370)3.2.7、3.2.8、3.2.9 做出了相关规定。防护区存在外墙的，应该将泄压口设在外墙上；防护区不存在外墙的，可考虑将泄压口设在与走廊相隔的内墙上。对防护区的封闭要求是全淹没灭火的必要技术条件，因此不允许除泄压口之外的开口存在；例如生产需要的开口，也应做到在灭火时停止使用、自动关闭开口。

12.1.6 气体灭火系统储瓶间的门应向外开启，储瓶间内应设应急照明，且应有良好的通风条件，以便气体泄漏情况下人员快速撤离，保障人身安全。

【释义】《气体灭火系统设计规范》(GB 50370)6.0.5 规定“储瓶间的门应向外开启，储瓶间内应设应急照明；储瓶间应

有良好的通风条件，地下储瓶间应设机械排风装置，排风口应设在下部，可通过排风管排出室外。”

12.1.7 室外充水消防管网宜采用管沟或隧道方式敷设，便于日常维护检修，寒冷低温地区应采取电伴热等保温措施。

12.1.8 寒冷地区泵房及雨淋阀室应配置保温设备和环境监测系统，低温告警信号应上传至监控后台，保证最低工作环境温度，防止系统误动。

12.1.9 水喷雾灭火系统雨淋阀位置设计应满足发生火灾时具备人员进入现场应急手动操作的条件，雨淋阀应具备远程及就地操作功能。

【释义】青南站调相机雨淋阀安装在润滑油箱外墙边处（见图 12－1），导致运维人员在现场发生火灾时难以到达操作位置，若水喷雾灭火系统远程操作失灵，不能通过现场应急手动操作启动系统。

图 12－1 青南站调相机雨淋阀安装位置图

12.1.10　消防系统应按Ⅰ类负荷供电，消防设备应采用双电源或双回路供电，并在最末一级配电箱处可自动切换，切换装置的延时应与上级站用电切换时间相匹配，保障可靠供电。

12.1.11　水喷雾灭火系统覆盖范围内的交流油泵电机、电控柜、电动阀门、压力开关、压力变送器等电气元件应具备IPX5及以上防水等级要求，进线方式应采取下进线，如不满足要求应采取防水措施，防止试喷试验或设施误动作喷水导致设备损坏，造成机组停机等情况。

【释义】2021年3月25日，扎鲁特换流站1号调相机润滑油系统水喷雾灭火系统隔膜式雨淋阀误动作，致使1号机润滑油母管压力开关接线盒进水，润滑油系统热工非电量保护“三取二”动作，1号调相机跳机。跳机原因为站内综合楼消防管道断裂，导致消防管网压力降低，站内消防泵启动引发消防管网压力波动，导致雨淋阀异常动作喷水，致使接线盒进水引发跳机。

12.1.12　消防给水系统应为独立系统，消防用水若与其他用水合用时，应保证消防系统的水压和用水量要求。

12.1.13　容量在300Ah及以上的阀控式蓄电池组应安装在各自独立的专用蓄电池室内或在蓄电池组间设置防爆隔火墙。

【释义】《国家电网有限公司十八项电网重大反事故措施》5.3.1.3 规定“新建变电站 300Ah 及以上的阀控式蓄电池组应安装在各自独立的专用蓄电池室内或在蓄电池组间设置防爆隔火墙”，防止单组蓄电池爆炸着火引起的事故扩大，导致直流系统失电。

12.1.14 水喷雾灭火系统雨淋阀手动开启装置应设置防误动误碰措施。

【释义】韶山站隐患排查发现调相机水喷雾雨淋阀控制腔手动泄压阀日常存在误动误碰风险，后加装防误动装置杜绝风险。图 12-2 为韶山站雨淋阀防误动措施现场图（改进前、改进后）。

(a)

(b)

图 12-2 韶山站雨淋阀防误动措施现场图（改进前、改进后）

（a）改进前；（b）改进后

12.2 采购制造阶段

12.2.1 消防系统主要设备应通过国家认证，产品名称、型号、规格应与检验报告一致。非国家强制认证的产品名称、型号、规格应与检验报告一致。

12.2.2 消防系统供货厂家负责安装、调试和消缺处理工作，并提供运行使用和维护手册，明确系统集成方案、措施之间的协同效应、措施之间配合逻辑与时序关系，便于维护检修。

12.2.3 消防设备、材料应具有防冰冻、雨雪、风沙、紫外线和高温等恶劣天气的具体措施，防止极端天气消防设备运行故障。

12.2.4 灭火器、火灾探测器等应保证足够备品数量。

12.3 基建安装阶段

12.3.1 水喷雾灭火系统管道安装前应分段进行清洗。施工过程中，应保证管道内部清洁，不得留有焊渣、氧化皮或其他异物；管道穿过墙体、楼板处应使用套管；管道与套管间的空隙应采用防火封堵材料填塞密实。

【释义】《水喷雾灭火系统技术规范》（GB 50219）8.3.14 对管道的安装做出了明确规定。

12.3.2 水雾喷头在安装前应进行系统试压、冲洗和吹扫；顶部设置的喷头在室内安装坐标偏差不应大于 10mm；侧向安装的喷头的距离偏差不应大于 20mm。

【释义】《水喷雾灭火系统技术规范》(GB 50219) 8.3.18 对喷头的安装要求做出了明确规定。

12.3.3 交直流回路不得共用一根电缆，控制电缆不应与动力电缆并排铺设，不满足要求的应采取加装防火隔离措施。

【释义】《国家电网有限公司十八项电网重大反事故措施》5.3.2.3 规定“交直流回路不得共用一根电缆，控制电缆不应与动力电缆并排铺设。对不满足要求的运行变电站，应采取加装防火隔离措施”，防止动力电缆着火引燃控制电缆，导致事故扩大。

12.4 调试验收阶段

12.4.1 管道安装完毕后应进行水压试验，试验压力应为设计压力的 1.5 倍，试验环境温度不宜低于 5℃。

【释义】《水喷雾灭火系统技术规范》(GB 50219)8.3.15对管道的水压试验做出了明确规定。

12.4.2 应有完整的工程消防技术档案和施工管理资料，消防系统设计、设备资料、系统及组部件试验报告应齐全。

【释义】《建设工程消防设计审查验收管理暂行规定》(中华人民共和国住房和城乡建设部令第 51 号)第二十七条规定，竣工验收时，有完整的工程消防技术档案和施工管理资料(含涉及消防的建筑材料、建筑构配件和设备的进场试验报告)。

12.4.3 消防管网应进行防冻检查，采用地面明敷的消防水管应具有有效的抗冻措施，保证在低温环境下正常供水。

12.5 运维检修阶段

12.5.1 应编制调相机重点消防区域消防专项应急预案，每年至少开展一次针对调相机区域的消防演习。

12.5.2 应开展周期性地消防检查，并加强特殊区域和低温、潮湿等气象条件下的检查频次，对于检查中发现的问题应及时按规定要求处理，禁止使用过期和性能不达标的消防器材。

【释义】《防止电力生产事故的二十五项重点要求》(国能安全〔2014〕161号)2.1.2对消防设施检查、保养做出了明确的规定。《消防法》第十六条 机关、团体、企业、事业等单位应履行下列消防安全职责:(二)按照国家标准、行业标准配置消防设施、器材,设置消防安全标志,并定期组织检验、维修,确保完好有效;(三)对建筑消防设施每年至少进行一次全面检测:确保完好有效,检测记录应当完整准确,存档备查。

12.5.3 正常工作状态下,应将水喷雾灭火系统设置在自动控制状态,当发生系统故障或需进行检修必须退出自动控制状态时,应经站内消防专职管理人员同意,处理完成后立即恢复自动控制状态。

【释义】《防止电力生产事故的二十五项重点要求》(国能安全〔2014〕161号)2.1.3对自动喷水灭火系统的正常工作状态做出了明确的规定。水喷雾灭火系统的灭火设施应定期检查、试验,使之处于完好和自动控制状态,可以在火灾初期及时启动,防止火势扩大。

12.5.4 调相机年度检修时,应开展水喷雾灭火系统的试喷试验。

12.5.5　运维人员应经专门培训，并能熟练操作调相机站内各种消防设施；应制定具有防止消防设施误动、拒动的措施。

12.5.6　防止调相机油系统着火：

（1）油区的各项施工及检修措施应符合防火、防爆要求，消防措施完善，防火标志鲜明，防火制度健全。

（2）严禁火种带进油区，油区内严禁吸烟，油管道法兰、阀门及可能漏油部位附近不准有明火。

（3）必须明火作业时要采取有效措施，严格执行动火制度。

（4）禁止在油管道上进行焊接工作，在拆下的油管道上进行焊接，必须事先将管子冲洗干净。

（5）油管道法兰、阀门及轴承等应保持严密不漏油，如有漏油及时消除。

（6）油箱上面禁止明火作业，如工作需要，应封闭油箱上部孔盖，做好油箱防火隔离措施。

（7）严禁用拆卸仪表的方法排放管道内的空气。

（8）废油应全部收集，严禁随意排放，造成火灾隐患。

12.5.7　消防管网及雨淋阀上的压力表和压力变送器应定期开展校验，并及时更换有故障的压力表和压力变送器。

【释义】扎鲁特站由于消防主泵压力表故障，当管网压力低于0.35MPa时不能及时启动。雨淋阀进水腔和控制腔压力表在雨淋阀复位后，压力表仍显示较大压差。

13 防止误操作事故

13.1 防止主机误操作事故

13.1.1 采用惰轮啮合方式的盘车装置，啮合机构应设置拔销闭锁装置，防止转子高速旋转时盘车装置误投入，造成调相机损坏。

13.1.2 盘车装置启动逻辑应设置转子转速判断条件，当转子转速大于零时禁止启动，防止盘车装置损坏。

13.2 防止油、水系统误操作事故

13.2.1 水系统、油系统管路上涉及断水、断油影响调相机安全运行的阀门应采取加装机械锁等可靠的防误操作措施。

13.2.2 油系统事故放油阀操作手轮应挂有“事故放油阀，禁止操作”标志牌，防止人员误动。

13.2.3 冷油器、过滤器等进行切换时，应严密监视润滑油压的变化，操作应缓慢，严防切换操作过程中发生断油。

【释义】根据《防止电力生产事故的二十五条重点要求》8.4.12要求，为了防止在油系统切换过程中发生断油，要求在进行切换操作时，应严格按照运行规程规定的操作顺序缓慢进行操作。严密监视润滑油压是否发生变化，并且操作应在指定监护人的监护下进行，严防由于误操作而引起机组轴承烧损事故。

13.3 防止二次系统误操作事故

13.3.1 调相机SFC隔离变压器、励磁变压器、接地变压器等干式变压器柜门应有带电闭锁功能，防止设备带电时作业人员误入，发生人身触电事故。

13.3.2 柜内元件及交直流开关应有清楚的双重名称标签，防止误操作。

【释义】双重名称即名称和编号。柜内元件以及交直流开关的双重名称应根据实际情况命名，并与设备图纸相对应（见图13－1）。

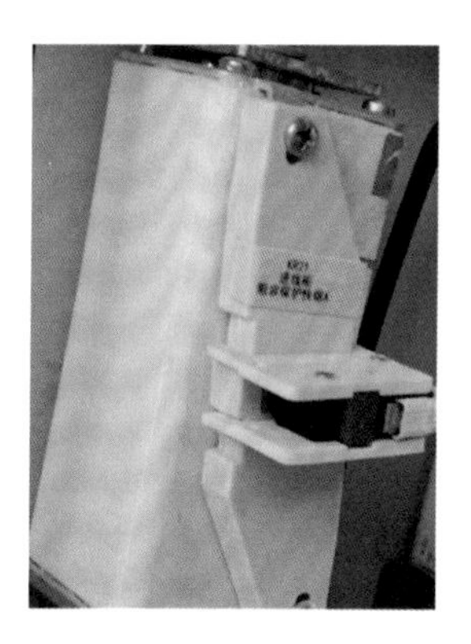

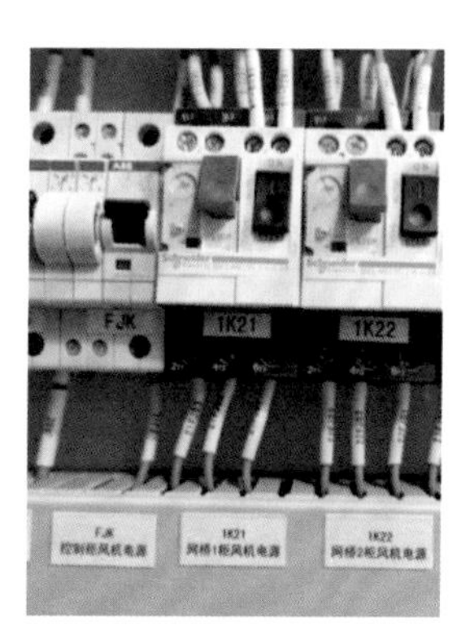

图 13－1 设备双重名称示意图

13.3.3 调相机中性点隔离开关的操动机构应采取防误动措施，保证调相机正常运行中不会自动断开或误操作拉开。

【释义】调相机中性点隔离开关为满足“一键启停”要求，其操动机构采用电动操动机构。在调相机运行过程中，中性点隔离开关断开将会造成定子接地保护误动作。

13.3.4 DCS 监控画面不应设置切（投）热工主保护的操作按钮，防止保护误切除。

【释义】金华、邵陵站调相机监控画面设置了供运行人员切（投）热工主保护的按钮，存在热工主保护误切除的风险。

13.3.5　检修期间，DCS 逻辑组态中如进行了“置位”操作，检修结束后应清除“置位”，检查确认参数、定值已恢复正常。